全国应用型高等院校“十三五”规划教材

建筑素描基础

主编　郑灵燕　卿笑天

中国水利水电出版社
www.waterpub.com.cn
·北京·

内 容 提 要

本教材属于“全国应用型高等院校‘十三五’规划教材”分册之一。

本教材从素描基础知识讲到结构画法、光影画法、风景速写、建筑钢笔画，并结合大量图例分析，对素描知识介绍详细内容浅显易懂，便于选择性教学或自学。主要内容包括素描概述、透视和结构、光影素描、风景速写训练、人物动态和作品欣赏等六部分。

本教材可供高职高专院校土建类建筑设计、建筑装饰、环境艺术、室内设计、风景园林等专业以及艺术设计类专业学生使用。

图书在版编目（CIP）数据

建筑素描基础 / 郑灵燕，卿笑天主编. -- 北京：
中国水利水电出版社，2018.8(2023.8重印)
全国应用型高等院校“十三五”规划教材
ISBN 978-7-5170-6944-7

Ⅰ. ①建… Ⅱ. ①郑… ②卿… Ⅲ. ①建筑画一素描技法一高等学校一教材 Ⅳ. ①TU204.111

中国版本图书馆CIP数据核字(2018)第220874号

书 名	全国应用型高等院校“十三五”规划教材 **建筑素描基础** JIANZHU SUMIAO JICHU
作 者	主编 郑灵燕 卿笑天
出版发行	中国水利水电出版社 （北京市海淀区玉渊潭南路 1 号 D 座 100038） 网址：www.waterpub.com.cn E-mail：sales@mwr.gov.cn 电话：（010）68545888（营销中心）
经 售	北京科水图书销售有限公司 电话：（010）68545874、63202643 全国各地新华书店和相关出版物销售网点
排 版	北京时代澄宇科技有限公司
印 刷	清淞永业（天津）印刷有限公司
规 格	210mm×285mm 16 开本 11.25 印张 267 千字
版 次	2018 年 8 月第 1 版 2023 年 8 月第 3 次印刷
印 数	6001—9000 册
定 价	42.00 元

全国应用型高等院校“十三五”规划教材

参编院校及单位

四川建筑职业技术学院
深圳职业技术学院
河南建筑职业技术学院
湖南城建职业技术学院
内蒙古建筑职业技术学院
江西建设职业技术学院
徐州建筑职业技术学院
浙江同济科技职业学院
湖南交通工程职业技术学院
日照职业技术学院
泰州职业技术学院
义乌工商学院
黄淮学院
浙江工业大学浙西分校
四川信息职业技术学院
四川省商贸学校
呼和浩特职业技术学院
内蒙古工业大学建筑学院
日照金宸设计院有限公司
日照城建设计院有限公司
江苏泰州设计院有限公司
金华职业技术学院

本 册 编 委 会

主　编　郑灵燕　四川建筑职业技术学院
　　　　卿笑天　浙江同济科技职业学院
副主编　张　苗　浙江同济科技职业学院
　　　　杨　平　四川建筑职业技术学院
　　　　王　蕤　四川建筑职业技术学院
　　　　刘卜水　四川信息职业技术学院
参　编　陈杨飞　四川建筑职业技术学院
　　　　林　琅　四川建筑职业技术学院
　　　　陈光龙　浙江同济科技职业学院
　　　　蔡　明　四川建筑职业技术学院

PREFACE

近十年来，建筑类学院的学生美术基础明显下降，甚至压根就没有基础，这给美术基础教学带来很大的难度，而且课时严重缩短，迫使美术基础教学从教学理念及教学方法上做相应的调整，如何才能快速让学生明白基础知识并学会运用呢？我们尝试从知识点的细化、图示化，到训练内容的典型化、集中化，从而使训练有效和快速。我们根据实际教学的需要而专门安排了知识点的详细讲解和训练内容的直接和简化，相比传统教材，特意增加的内容正是学生容易混淆、不容易理解的地方；同时，设置了大量临摹训练和分析用的图幅，方便教学训练；后面的欣赏部分，方便大部分学生拓宽视野，也方便小部分接受能力强的学生进一步研究学习。

本书设置了几个单元，每个单元解决不同的问题，但又互相联系，教学实施过程中可以灵活运用以及互相参看、比较。

本书适用于建筑设计、城市规划、室内设计、装饰设计、园林设计等与建筑相关的专业进行基础素描的训练和学习，所以内容比较丰富，教师可以根据专业定位选择所需要的内容进行讲授。

本书内容设置比较多，我们的思考是，学生不一定什么都得练，但一定不能什么都不知道。所以，丰富的知识点和图片对学生知识面的拓宽具有一定的辅助作用。举个例子，对于室内设计专业的美术教学，不仅训练建筑室内的造型和表现，我们还会加入一部分建筑室外（外观）的训练内容，目的很简单，即希望学生不仅只会画室内的图，也能画建筑外观图，这样必然对学生能力的拓展起到积极作用。同样，人物和汽车也不一定每个专业都需要练习，但学生可以通过欣赏、临摹等自学方式进行了解性的学习。

本书得到了很多一线教师的鼎力协助，在此深表感谢！欢迎更多老师提出宝贵意见！书中若有不当之处，欢迎使用本书的广大读者给予指正！

郑灵燕

四川建筑职业技术学院

2018 年 7 月

本书编写分工一览表

第一章　素描概述……郑灵燕

第二章　透视和结构……郑灵燕

第一节　透视基础知识……郑灵燕

第二节　形、体的概念分析和表达……卿笑天

一、形、体的概念和关系……卿笑天

二、静物结构画法……卿笑天

三、结构表现实训……卿笑天

四、建筑结构画法……陈杨飞

第三章　光影素描……郑灵燕

第一节　空间的概念和表达……郑灵燕

第二节　质感的概念和表达……郑灵燕

第三节　构图基础知识……郑灵燕

第四节　静物光影素描训练……杨　平

第五节　室内光影素描训练……王　蕤

第六节　建筑光影素描训练……卿笑天　陈光龙

第七节　建筑钢笔画训练……郑灵燕

第四章　风景速写训练……张　苗　郑灵燕

第一节　速写的概念和意义……张　苗

第二节　速写的分类……张　苗

第三节　速写的方法和步骤……张　苗　林　琅　蔡　明

第四节　建筑风景速写范图分析……郑灵燕

第五章　人物和交通工具……郑灵燕

第六章　作品欣赏……郑灵燕　刘卜水

CONTENTS

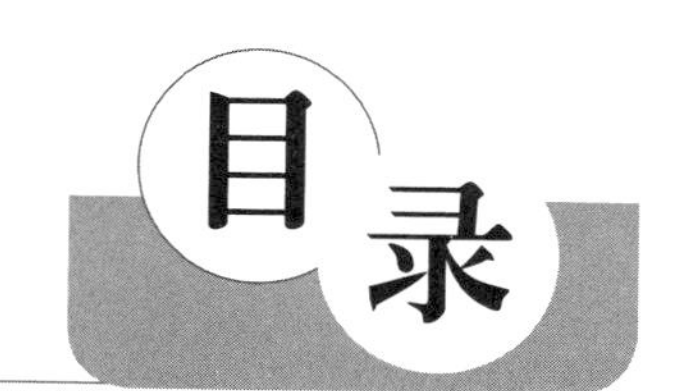

目录

第三章　光影素描

第六章 作品欣赏

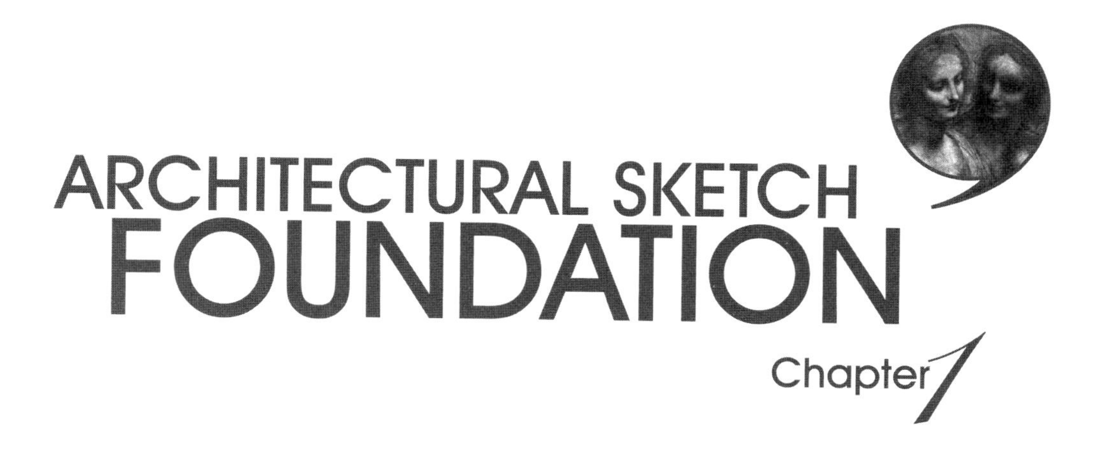

第一章 素描概述

第一节 素描的概念和历史

一、素描的定义

素描是一种绘画形式，简单地说就是单色画。其实素描是一个较大的范畴，它不用拘泥工具和材料，可以用铅笔、炭笔、钢笔、粉笔等，可以用油彩、水彩、烙铁等画法，只要是没有明显色彩变化的单色画，都属于素描。

常见的素描是以较黑的颜色来描绘，用线条、明暗层次、立体关系、空间关系等来表达对象。具体地说，素描涉及物象的外形、比例、结构、体积、空间、质感和明度等，运用这些基本因素来综合表现形象。

素描的表现形式有四种：一是线描法（类似于中国画的白描）；二是用线来分析物体形象和结构的结构画法；三是线条与明暗相结合的线面结合法；四是用深浅颜色来塑造空间、立体的明暗画法，也叫光影画法。

二、素描的作用

素描排除了色彩因素，集中运用造型艺术的基础因素去表现对象，所以它是造型艺术的基础。基础素描是有别于素描创作又有别于画家的素描习作的造型基础训练，系统地进行素描基础训练是学习绘画的必经之途，为后期学习铺垫必须的基础知识。

现代的素描基础训练是现代设计的基础，可以帮助我们理解形体、空间、透视、虚实等，当然还有基本技法的训练。

三、素描的历史

1. 史前绘画

人类最早的绘画是从素描开始的。根据考古的发现，现在所知世界上最早的绘画是法国西南部比勒高省多尔多涅附近称为拉斯科（Lascaux）的岩洞壁画和西班牙北部阿尔塔米拉山洞的洞窟壁画（见图 1-1-1 和图 1-1-2）。前者距今约 2 万年，是旧石器时代的绘画遗迹；后者约在 1 万年以前，是旧石器时代晚期绘制的。原始人用最简易的材料描绘他们的猎获物。西班牙阿尔塔米拉洞窟壁画的野牛尤为精彩，其中一只低头、挺角、准备向前冲击的野牛，像箭在弦上一触即发，充满向外的运动感。这是用烧鹿脂的灯烟画成的，然后用朱红色的矿物颜料粉末上色。这些古代壁画基本上是用单一颜色进行描绘，所以，它们是世界上最古老的素描画。

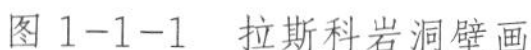

图 1-1-1　拉斯科岩洞壁画

图 1-1-2　阿尔塔米拉山洞的野牛

2. 古代绘画

随着人类的进步，绘画逐渐由简单到复杂，素描的制作方法也从简单的线描为主逐步变为用明暗来表现立体的自然物象。

在世界美术发展史上，继史前时期的绘画之后，最引人注目的是古埃及和古希腊的壁画，可惜保存下来的很少。从仅存的残缺壁画看来，古埃及壁画以线造型为主，具有浓厚的东方色彩；而古希腊的壁画虽然仍以线的造型观念为主，但已向立体的表现演变。开罗美术馆陈列的古埃及画家所画的素描，已经表现出古埃及画家具有相当的写实功夫。从古希腊保存下来最多的堪称世之瑰宝的雕刻作品和流传下来的许多著名画家的作画故事看，古希腊的绘画肯定也会和它的雕刻那样有过极高水平的作品，从保存下来的古希腊瓶画中，可以看到当时的素描水平。

如图 1-1-3 所示，古希腊瓶画早期是黑像式，在白底子上把用线条勾画的形象涂上黑色，像剪影那样。后期叫红像式，背景填黑釉、形象留空白为陶器的红色，故称之红像式。以后发展成白描的瓶画。这些瓶画的造型简练优美，结构严谨，本身就是一幅幅素描杰作。

如图 1-1-4 所示，画中描绘一位年轻男子双手提着两串海洋鱼的情景，其形体表现准确，造型优美。

图 1-1-3　古希腊瓶画

图 1-1-4　希腊阿克罗蒂里遗址《手提捕获物的年轻渔夫》

图 1-1-5 人物龙凤帛画（战国时期）

公元前 1620 年，一次火山爆发，毁掉了锡拉岛，许多壁画被埋没在火山灰中，唯有这一幅在遗址中保存下来。

如图 1-1-5 所示，与古希腊同期的中国长沙战国楚墓的帛画，大约是公元前 400 多年至公元前 200 年期间，用黑白两色描绘一位中年妇女合掌祈福的情景。画面上的凤（代表生命与幸福）在扑击灾祸夔龙。这幅古老的素描画可以看出我国古代绘画也同样达到了很高的水平。

3. 素描的发展与素描基础训练的诞生

由于思想的解放，科学的发展，画家们在广泛实践的基础上创立了科学的绘画基础理论、艺术理论和素描理论。艺术在这个时期得到了快速的发展，产生了许多的艺术大师，如达·芬奇（1452—1519）、拉斐尔（1483—1520）、米开朗琪罗（1475—1564）、提香（1490—1576）、丁托列托（1518—1594），等等。

文艺复兴时期由于重视对自然的研究，自然科学的进步和新发现，促使许多绘画大师们认真地对待描绘的对象。他们解剖尸体，了解人的解剖结构，画了不少分析图和人物习作，产生了“艺用解剖学”。在研究空间处理上创造了透视学。意大利佛罗伦萨画家马萨丘（1401—1428）继承了意大利文艺复兴初期绘画大师乔托（1267—1337）的传统，和同时期的其他画家一起发现了透视学之后，翁勃利亚画派画家弗兰西斯加（约 1416—1492）的《绘画透视学》已经把透视学发展到相当完善的地步。

达·芬奇强调“绘画是一门科学”，提出不能只依靠感觉去认识世界，还要用理性去分析、掌握自然界的规律，使绘画艺术建立在科学的基础之上（见图 1-1-6 和图 1-1-7）。

图 1-1-6 达·芬奇的圣母子草图

图 1-1-7 达·芬奇的设计图有严格的透视

后来卡拉齐兄弟（阿尼巴·卡拉齐，1560—1609）、洛多韦科·卡拉齐（1555—1619）、阿果斯丁诺·卡拉齐（1557—1602）等人在意大利创办了美术学院，运用文艺复兴以来美术创作和基础理论的科学成果，对美术青年进行系统地培养训练。其中素描作为基础训练的方法开始诞生并很快就普及到了欧洲各国，影响到全世界的美术教育，通过传授解剖学、透视学、构图学等科学知识来提高绘画的能力，并用明暗法来描绘对象，素描水平得到非常大的提高。

4. 近代素描的规范

因为人们对光影的认识更加清晰、科学，现代素描的发展远远超过 16—17 世纪，对形象的准确性更高，对光影的认识更充分，20 世纪 70 年代兴起的超写实素描甚至超过了当时的摄影。

素描风格和画法很多，从形象上来说，有写实的、夸张变形的、主观臆造的，从表意上来说有抽象的、具象的、意象的等，从画法分有线描法、结构法、线面结合法、光影明暗法等。

作为美术基础的学习，应遵循从素描基本功开始。

第二节 工具介绍

一、画笔

（1）铅笔。笔芯为软硬不同的铅粉，笔的末端有标号，H 为硬度，B 为软度，也就是 6H 最硬，8B 最软。硬度越高颜色越浅，软度越高颜色越黑。我们学素描常用的就是 HB、B、2B、3B、4B（美术学院学习长期素描的学生需要准备 H、 2 H、3H，学习人像画法的可以准备 5B、6B，甚至 8B）。铅笔可以画速写，也可画素描，可以很仔细地刻画出细节来，所以光影素描一般选用铅笔教学。铅笔的附着力弱，可以用橡皮擦拭，很适合初学者选用。

（2）炭笔。炭笔的笔芯原料为炭粉，也有软硬之分。炭笔一般适合粗犷的画法，也可以做较细致的刻画，但细致度不如铅笔。炭笔在纸面不容易擦拭干净，一般是有一定基础的人才会选用。

（3）木炭条。木炭条是用柳枝烧制而成，根据燃烧程度不同其软硬度也不同，适合粗犷的表达法。因其粉质松散，附着力差，画完需要马上喷洒定画液固定。

（4）炭条和炭精粉。这两种东西实际上是一种材质，只是炭条做成有硬度的条状，炭精粉是粉状的而已。炭条可以大块涂抹，也可用尖角刻画细部，但都不可能像铅笔一般细致。炭粉常用纸笔（擦笔）配合使用，做出柔和、光洁的效果，细致地方常用炭笔加工。

（5）粉笔。粉笔指的是一种在纸面上使用的粉条，有点像写黑板的粉笔，但较之更细腻。粉笔适合大块涂抹，不适合仔细刻画。

（6）钢笔。钢笔是现代常用的速写工具，分普通钢笔和书法笔两种，普通钢笔可以细致描绘，书法笔适合粗狂表达。签字笔常用以做线描式的速写，用作明暗刻画也不错。

（7）其他工具。根据材料和画法的不同，还有木刻、石板画、单色水彩、单色水粉、单色油彩、单色丙烯等。

要注意的是铅笔、木炭笔、炭条等材质的画面容易脱落，需要在作品完成后喷洒定画液，才能有效保护画面。

二、纸张

绘画用的纸张分水彩纸、水粉纸、素描纸，各自特性不一样，一般不混用。铅笔、炭笔必须选用素描纸才耐磨。素描纸有各种规格，按重量分有150g、180g、200g、250g、甚至更重、更厚的纸，太薄的纸容易破损，不适合反复制作，太厚的纸价格贵，所以建议初学者用180g、200g就可以了，较长时间的反复制作最好用250g以上的纸。纸张不是越厚越好，是看纸张的耐磨度和坚实度。素描纸的表面有凹纹，并不影响画画，但初学者可选用较平整的纸张来练习。

对于有一定素描修养的人来说，素描的纸张可选性较大，只要不容易破损、容易上色的都能用，比如柔软的毛边纸、宣纸、光滑的铜版纸（钢笔画）、打印纸、各种纸板、木板、墙面、布面等，但不同的纸用的笔不一样，讲究也不同，

三、橡皮

橡皮是学习素描不可缺少的工具，要求韧性好（可以擦出形状来，包括高光）、容易擦拭干净、不伤纸面，画炭笔时经常用到馒头擦拭（用的是较干的馒头屑裹掉炭笔粉）。太软的橡皮不利于擦拭，太硬的橡皮会伤纸面。钢笔画可用沙性橡皮抹掉错误的地方，但钢笔速写一般是不改动，如果画的过程中出现错误，经常将错就错。

四、削笔刀

不管铅笔还是炭笔，都需要经常削笔，保证笔尖较长、较细，那就需要准备一把锋利的小刀，可选美工刀、单面刀片等。

五、画板

学习素描必须准备一张画板，可以是一张制图板，也可以是一张较厚的层板，也可以用画夹。用透明胶带或图钉将纸张固定在画板上，准备好其他用具，就可以作画了。初学者画板不适合太大，4开、8开就可，可抱在腿上画，太大的画板就必须放在画架上了。

六、画架

画架是在作画时用于放置画板用的，这样方便、省力，特别是长期素描用画架比较方便。画架的摆放不要正对着被画的对象，一般是侧身坐，画板、画架也侧放，就不会挡着视线。画架分木质和金属两种，一般素描教学用的都是木质画架。

第三节 素描的学习方法

一、学习素描的目的和作用

针对不同的专业，素描的作用和要求有所不同，但要求都是解决基本的造型能力和一定的空间表现能力。

本节主要目的是解决基本造型能力，学习空间、质感、虚实的表现方法，要求学生在学习中锻炼空间理解力和想象能力，学会独立完成风景、建筑画或室内画的临摹和写生并学习快速记录场景方式，同时通过大量的欣赏提高美术方面的修养。

因为素描是美术基础课程的基础，为后续色彩基础和设计表现课程解决必须的造型能力和空间表现能力，素描基础学得好会使后期学习事半功倍。

二、学习素描的要求

了解素描的定义、概念，理解透视规律、造型规律，解决基本的造型能力，了解并熟悉立体表达法，培养空间理解能力，提高美学素养，建筑相关专业还必须学会独立完成风景画、建筑画或室内画的临摹和写生。

重点：透视知识、结构分析、明暗分析、风景速写。

难点：明暗表现、空间的塑造、质感的表现。

拓展学习：人物比例和动态（作为建筑类专业的学生必须临摹学习，表现图要用）。

要注意的是以上要求根据具体所学的专业要求侧重有所不同。

三、学习素描的方法

美术的思维是形象思维，所以素描的学习方法不同于其他学科，经验证明，学习进步慢的学生学习方法上或多或少都有问题，现将有效的学习经验总结如下：

（1）多练：指的是多动手、多训练，所谓熟能生巧。

（2）爱问：指的是不懂就问，问老师、问同学，找到错误原因和改正的方法。同学之间也应该多交流，互相讨论有助于理解和提高。

（3）会看：分看老师示范和看范图两部分。老师示范是学习中关键的一部分，老师会针对每一个知识点专门做示范并讲解，还会给学生指出错误并帮助修改，直观地将理论和技法综合展示出来。会看范图指的是针对范图仔细琢磨绘制的方法、技巧，体会如何塑造空间，并运用到自己的练习中。

（4）会思考：绘画是手脑高度结合的工作，动脑思考是学习的重要部分，只有将理论和处理方法真正明白、理解，才能体现在手上，也就是说画不好的主要原因就是没有真正弄懂。会思考的学生随时都在思考、琢磨、分析。

（5）有耐心：有耐心一是体现在画画过程中认真、细致，能静下心来认真思考、认真作研究；二是指学习绘画本身就是个反复的过程，需要反反复复地比较、思考和练习，直至真正掌握。耐心体现在做练习时，更体现在面对困难无法解决时。

学习素描需要注意以下两点。

（1）基本概念、基本原则在书上有清楚地交代，老师也会强调，但学生不可能完全领会，需要看示范、多练习、纠正错误，在学习过程中需要反复理解理论和概念，会学习的学生懂得经常拿书看，不光看图，还要看理论部分。

（2）素描的学习有基础素描的学习和更高层次的学习，需要长时间的研究来不断提高。作为基础素描部分的学习也是一个循序渐进的研究过程，以为素描课可以像其他课程学习是个错误的认识。学素描必须以严谨的心态、认真地进行研究才会逐步理解。

第二章

透视和结构

第一节 透视基础知识

【知识目标】了解透视基础知识，学会透视画法。

【训练设计】临摹为主，适当写生。

一、透视的理解

透视是一种视觉效应，是物象在视野里的一种客观反映。我们学习透视就是研究这种现象的规律，并运用在绘画、设计、制图等工作中来。

如图 2-1-1 所示，画板好比中间的投影板（P.P.），E 点是观察点，景物被投影到 PP 上。

如图 2-1-2 所示，相同大小的东西物象距离视点（E）越远，投影板上的影像就越小。

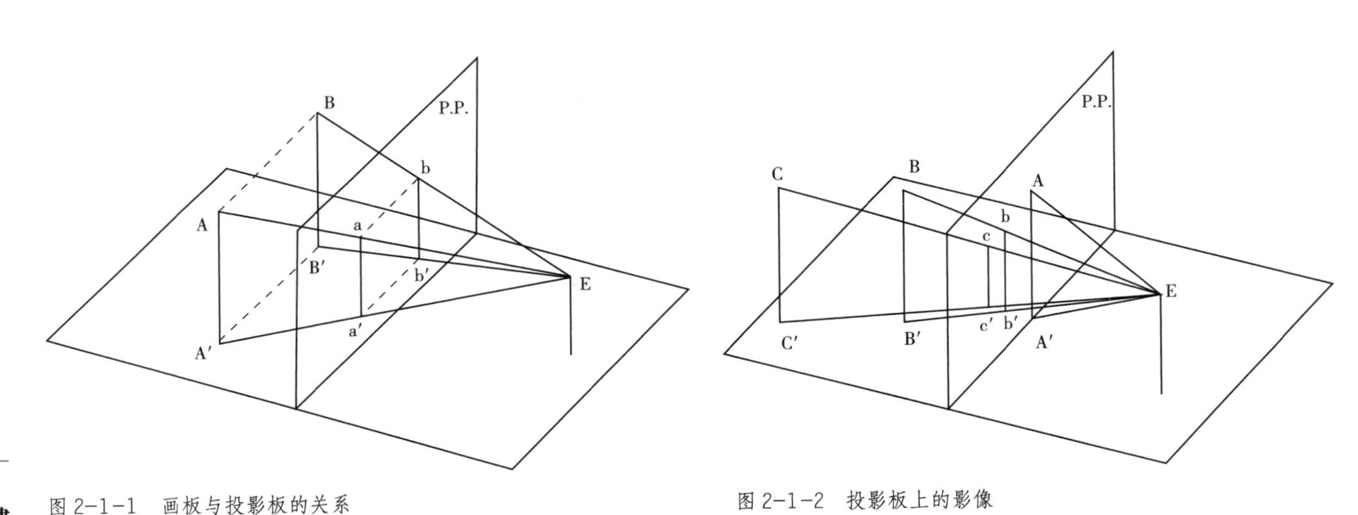

图 2-1-1　画板与投影板的关系

图 2-1-2　投影板上的影像

三根同高的线段投影到 P.P. 上呈现出不同的长度。

如图 2-1-3、图 2-1-4 所示，生活中的物象都具有透视的特点。

我们研究透视时，一般以消失点的多少分为一点透视、两点透视、三点透视。本书主要讲一点和两点透视的知识。

图 2-1-3　现实中的透视特点

图 2-1-4　一点透视

二、透视的求法

1. 一点透视

一点透视又称平行透视，我们以正方形为例来研究。

如图 2-1-5 所示，根据物象近大远小的特点，我们可以找出变化的规律。

（1）物象近处大、远处小。

（2）竖向的线竖直不变，只变长短。

（3）横向的线保持水平，长短有变。

（4）纵向的线向远处汇集成一点。

如图 2-1-6 所示。是以正方体为例分析一点透视的规律。

（1）长横线是视平线“L”，竖向的长直线是中线，交点“O”是消失点（也叫灭点、主点）。

（2）视平线下方的正方体能看见正方体顶部，视平线上方的正方体能看见底部。

（3）正方体最多能看见三个面；压住视平线或中线的正方体最多能看见两个面，同时压住视平线和中线的正方体只能看见一个面。

（4）离中线和视平线越远，正方体的侧面看见越多（变形越厉害）。

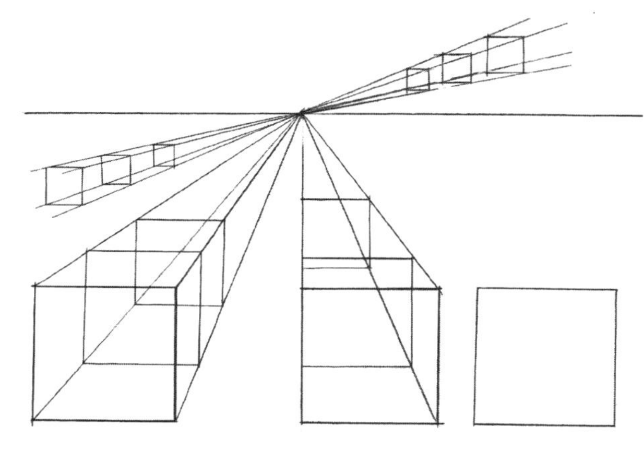

图 2-1-5　物像近大远小

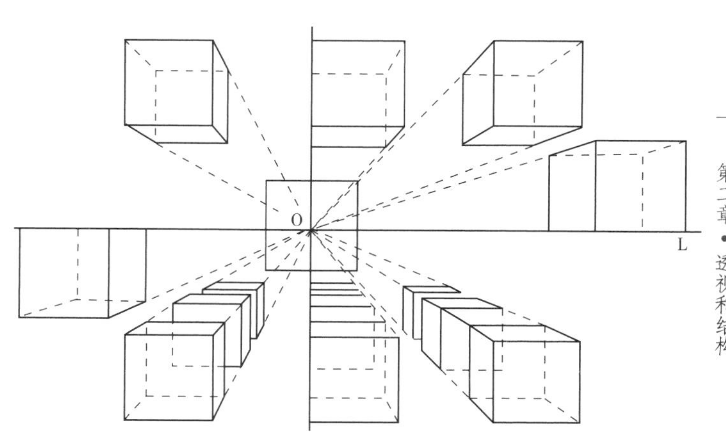

图 2-1-6　一点透视

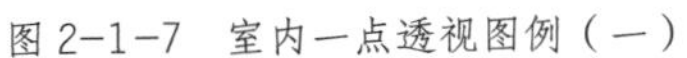
图 2-1-7　室内一点透视图例（一）

图 2-1-8　室内一点透视图例（二）

2. 两点透视

如图 2-1-9 所示，两点透视也就是成角透视，以方体为例，是指任意一面都没有与画面平行，规律如下。

（1）与地面垂直的线方向不变，长短有变化，近大远小。

（2）斜向的线分别汇集于左右两个消失点，方体距离消失点越近，变形越厉害。

（3）放置在不同位置的方体，看见的状况不同（参考此点可以在画建筑表现图时选角度用）。

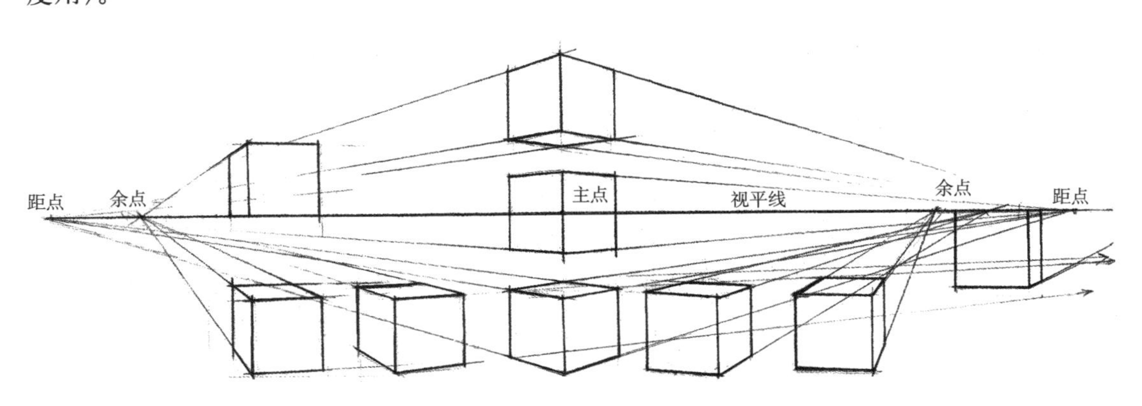

图 2-1-9　两点透视

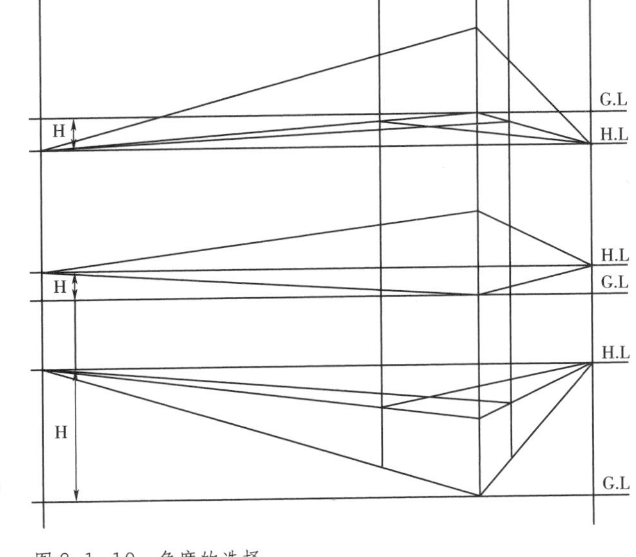

图 2-1-10　角度的选择

因为上图几个方体放置的水平位置和角度各不相同，所以各自呈现不同的水平透视点，但所有透视点都必须在同一视平线上。

如图 2-1-10 所示，角度的选择要根据需要来，不同的角度产生不同的视觉效果。

如图 2-1-11 所示，上部是一点透视，下部是两点透视。比较一下，会发现圆圈内的方体变形不大，圈外的变形过分了，给人不舒服的感觉。可见选择视点多么重要。

观察图 2-1-11，把方体想象成一栋楼或一个房间，可以感受一下不同角度的空间的状态。

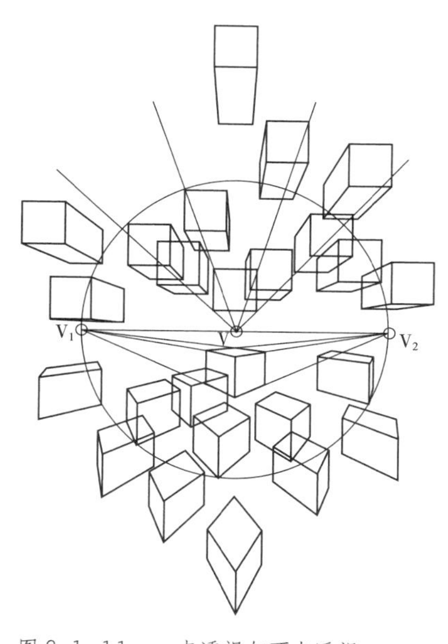

图 2-1-11 一点透视与两点透视

图 2-1-12 室内两点透视图例

如图 2-1-12 所示这个两点透视，左边透视点很近（在画面里），右边的透视点很远，超出画面很远，在电脑里画这种不存在问题，手绘画这种图时，往往在图版或桌子上找透视点，或者估计着方位画，允许有误差，但不能错太大。

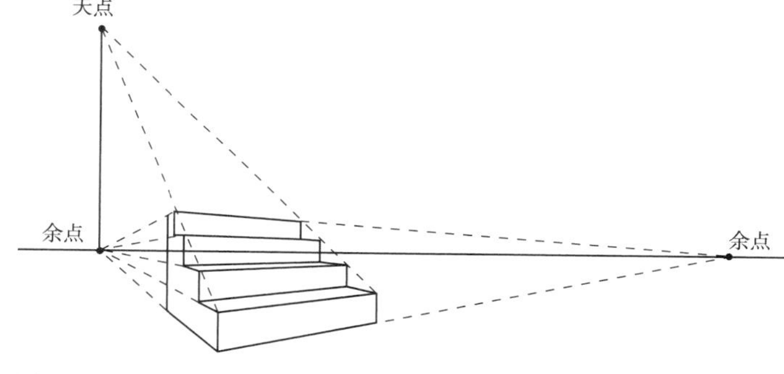

图 2-1-13 三点透视

3. 三点透视

（1）如图 2-1-13 所示，三点透视主要是指斜角透视，建筑中我们经常会画到墙、地面、阶梯等的方形斜面。

（2）它们的透视方向是：上斜的边向天点消失，下斜的向地点消失。

（3）天点和地点离开视平线的高低取决于斜边倾斜角度的大小，斜度大则远，反之则近。

（4）坡屋顶的倾斜面就需要找到第三个、第四个消失点，参看图 2-1-39。

图 2-1-14 室内成角 - 多点透视（一）

无论是一点透视还是两点透视（成角透视），只要里面的器具成不规则放置，都会产生新的透视点，如图 2-1-14 所示，室内本来是一点透视，但沙发的斜放产生了新的透视焦点。**注意：平面放置的物体所有透视点都在同一视平线上。**

因为仅仅是水平位置的变化，所以新产生的透视点都在同一视平线上。如果出现了纵向的位置或面的变化，那就存在前一个图（楼梯透视）类似的天点，甚至多个天点（我们可以设想瓦房倾斜屋顶的天点和楼梯的天点并不是一个）。

4. 等分法的运用

等分法是几何里的说法，在透视图的制作上依然适用，就是按照对角线的交点可以做出中线这个特点来均分方形，或做出等大的方形。画窗户、家具、廊柱等常用此法，如图 2–1–15 所示。

如图 2–1–16 所示也是用等分法求递减的块面。

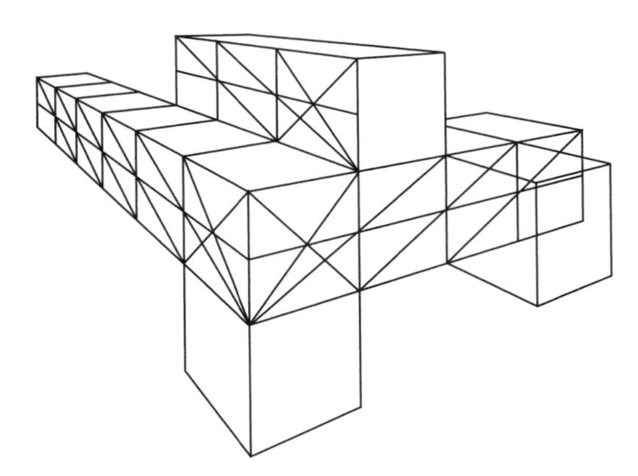

图 2-1-15　等分法的运用（一）

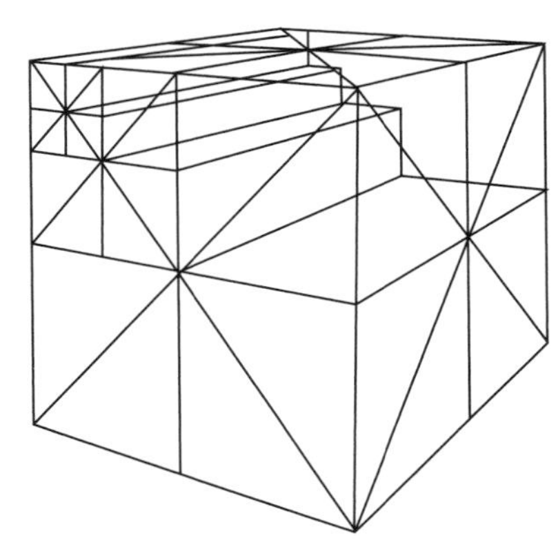

图 2-1-16　等分法的运用（二）

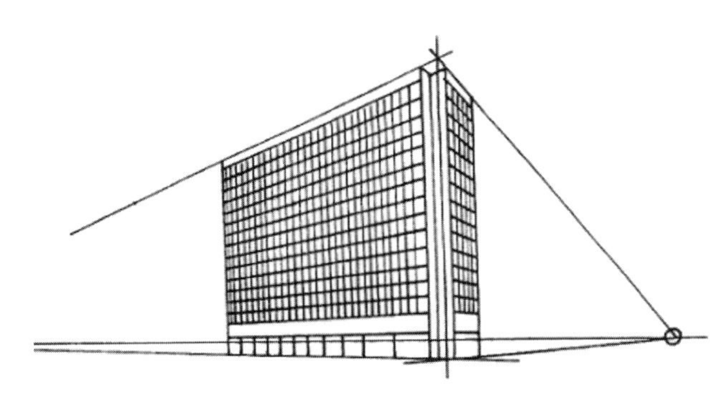

图 2-1-17　窗户的透视

求楼梯的透视线也常用到等分法来求，只是不能递减。

如图 2–1–17 所示建筑上的网格也可以用等分法定出点，再向消失点连透视线来做出窗户的感觉。

求室内透视也常常用到网格定位法（参见室内钢笔画训练），下面以衣柜门为例，介绍等分法画衣柜门的方法步骤。

如图 2–1–18 所示，大衣柜几个门都是一样大小的，在透视空间中往往用等分法来画更容易。方法如图 2–1–18：在长方形 abcd 中，用对角线相交就可得出中点 1，通过中点画垂直线 ef，就将柜门分成两个了。同理，垂直线 gh 也是找到中点 2 后得到的，将里面的柜门又分成两个。

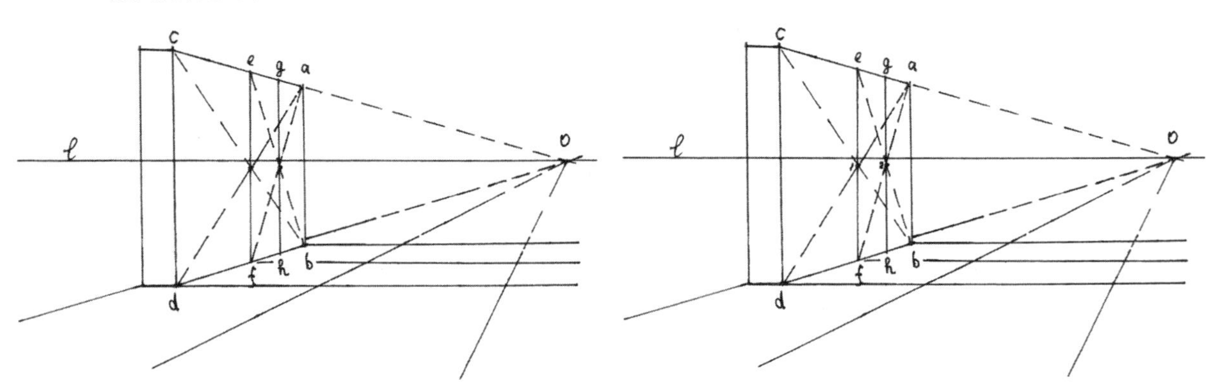

图 2-1-18　等分法画衣柜门步骤 1，2

如图 2-1-19 所示，用同样的方法找到中点 3，继续画垂直线，将近处柜门也分成 2 个，这样就有等大小的 4 个柜门了。但柜门往往不是 4 个或 6 个，如果是单数怎么办？看步骤 4，用虚线将 1、2、3 中点连接起来，得到一条中分线将线段 ab 平分，得到第四个中分点，从 h 点向种分点 4 画一条直线，与线段 co 相交。

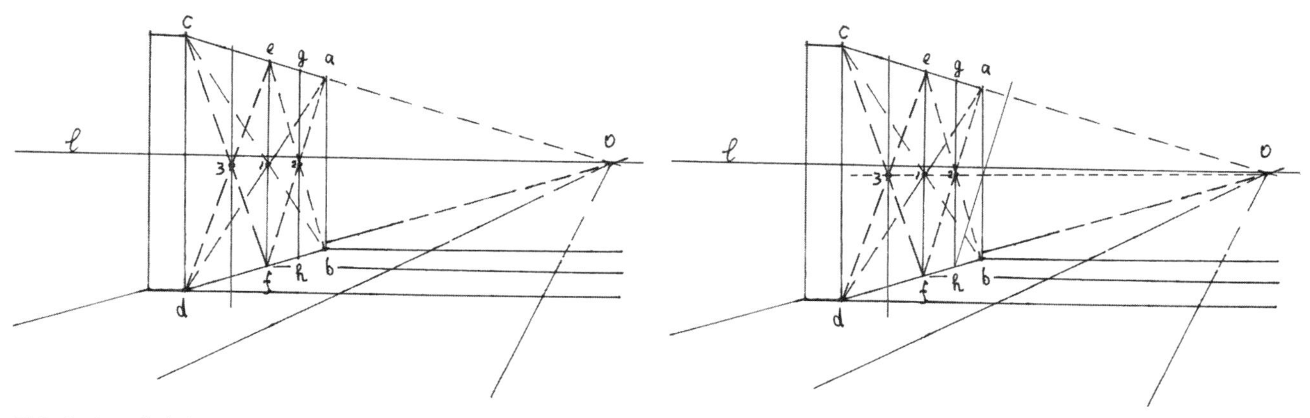

图 2-1-19　等分法画衣柜门步骤 3，4

如图 2-1-20 所示，从交点画一条垂直线，于是第 5 个柜门就有了。

这种方法其实就是中线等分法的逆推。

擦干净辅助线，就可得到清晰的衣柜了。

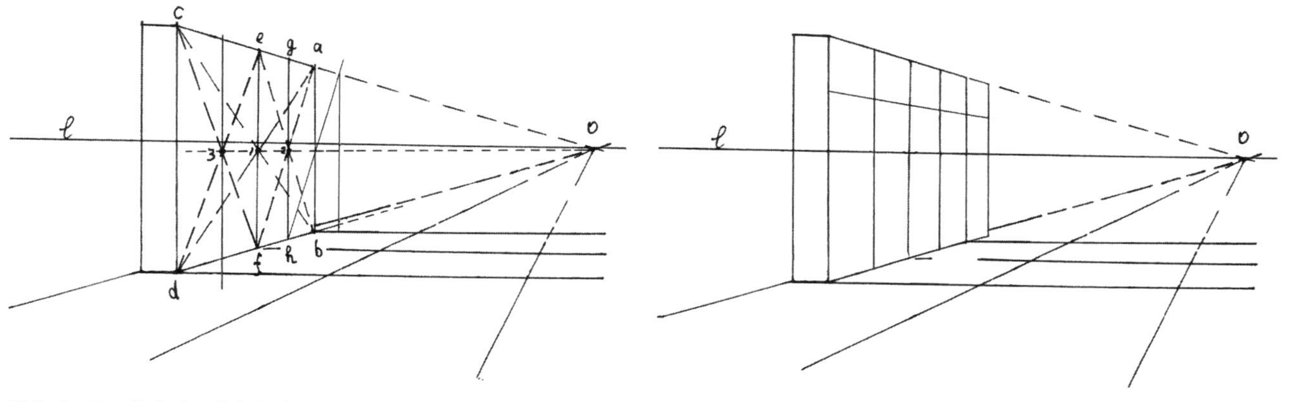

图 2-1-20　等分法画衣柜门步骤 5，6

以上是对角线找中线的等分法，在画细节地方经常用到，十分灵活方便。

现在再介绍一种边线等分法：将竖向的 cd 线段用尺子平分成需要的线段，各分点向消失点连接做出多条透视线，再连接出一条对角线来（比如 ad），那么这些透视线必然将对角线 ad 平分。这样就可以将面 abcd 竖向平分成想要的等分。这个在基数等分里非常实用。

此方法请同学们自己画出来，这里略去图示。

室内透视的网格定位法（其他定位法参看《建筑初步》）：

设定一个透视空间，将横边和竖边同比例定出尺寸（这个空间宽度是 4.2m，高度是 3.2m，长度是 4m）。为了方便计算（打算将地上网格化成 1m 见方的格子），所以选定 4X4 的空间来求等分线。如上图 2-1-21 所示，在地上找到中分点，通过中分点画水平线，得到第一条中分线。

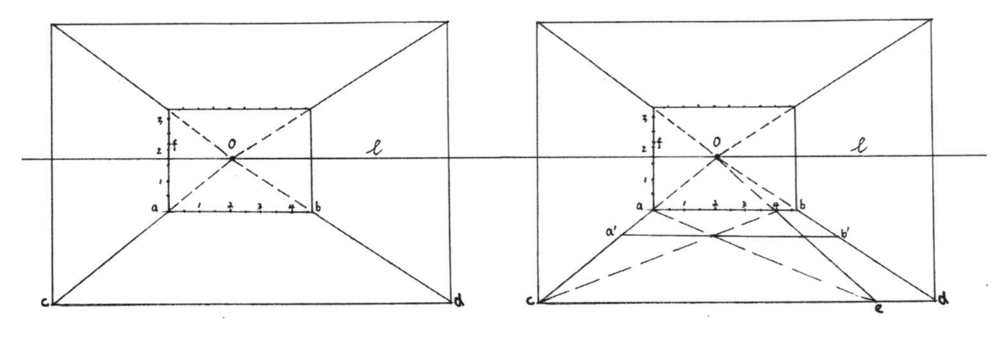

图 2-1-21　室内网格定位步骤 1、2

如图 2-1-22 所示，用同样方式找到其他几条水平中分线。

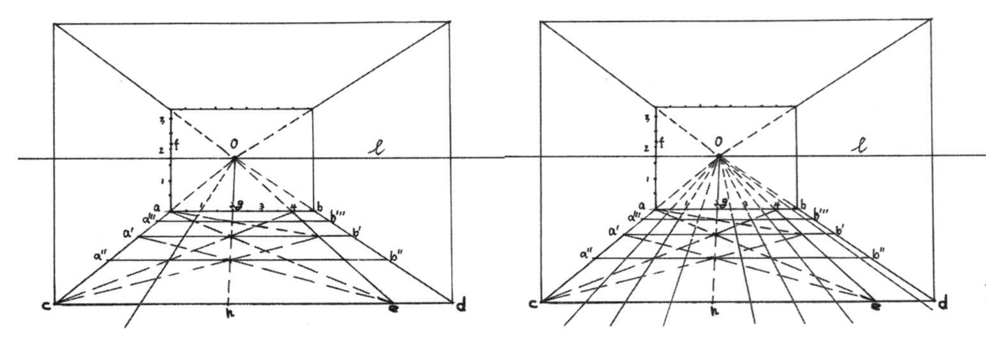

图 2-1-22　室内网格定位步骤 3、4

如图 2-1-23 所示，从交点 O 连接底边已定的标点，得到纵向的等分线。为了将网格做成 50cm 见方的格子，需要做更多的等分线。

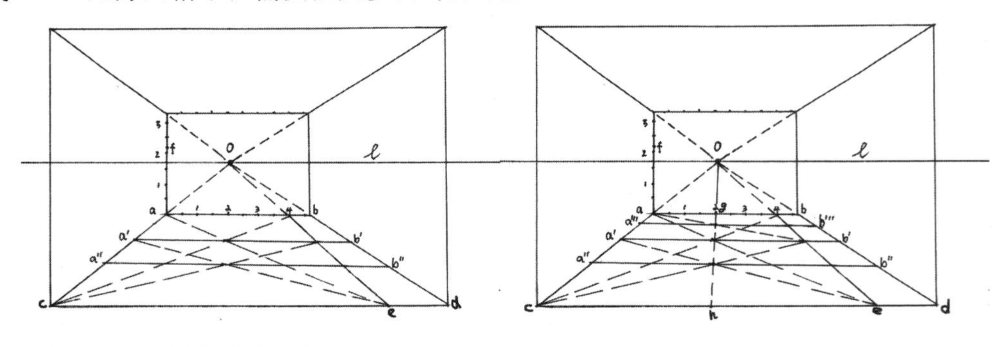

图 2-1-23　室内网格定位步骤 5、6

在增加纵向的等分线时，在已有的横向等分线上继续用对角线相交的方式求更多的横向等分线。如图 2-1-24 步骤 7 所示，在左边小格子里就可以对角线相交找出中点了。如图 2-1-24 步骤 8 所示，50 见方的网格已经做出来了。

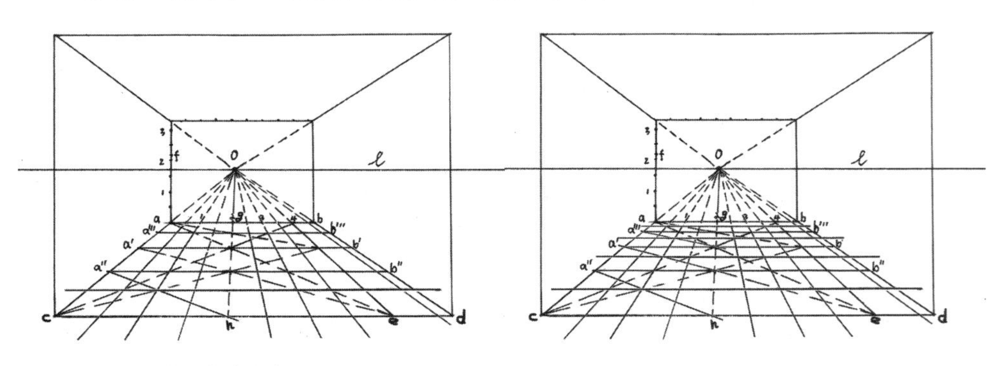

图 2-1-24　室内网格定位步骤 7、8

从 O 点向 2.2m 高度的点连线，再从左边纵向的边合适的位置做两条垂直线，可以得到一个门。网格是为了方便确定家具等东西的位置和尺寸用的，如图 2-1-25 所示，标记好东西的位置和形状，再做出立体的形状来。

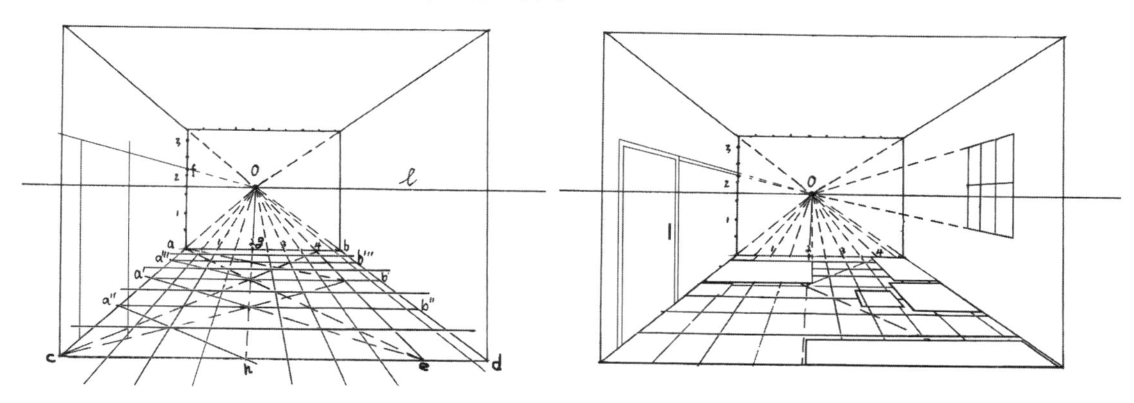

图 2-1-25　室内网格定位步骤 9，10

如图 2-1-26 所示，窗户的方法同门一样。地上的形状往上升高，求出家具形状来。顶上灯具的位置或有专门的造型，也可用同样方法求得。

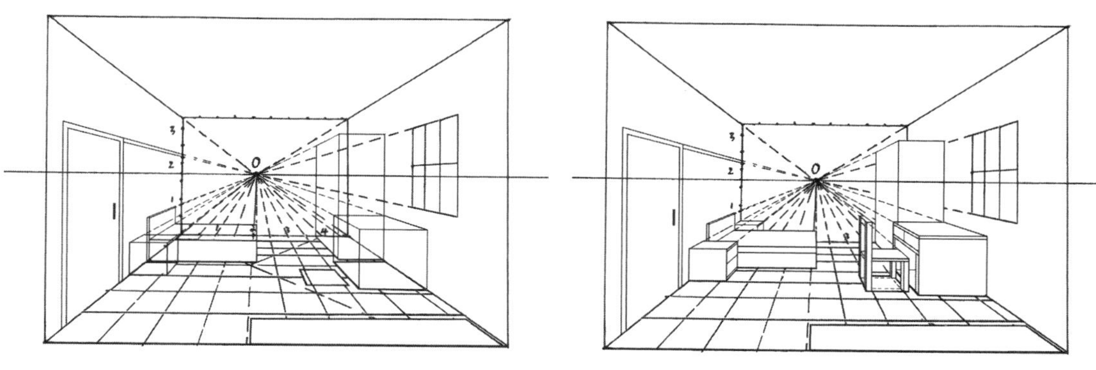

图 2-1-26　室内网格定位步骤 11，12

如图 2-1-27 所示，擦干净辅助线，将需要的线做清晰，就得到需要的空间透视图（没擦完的线是方便学生们理解）。

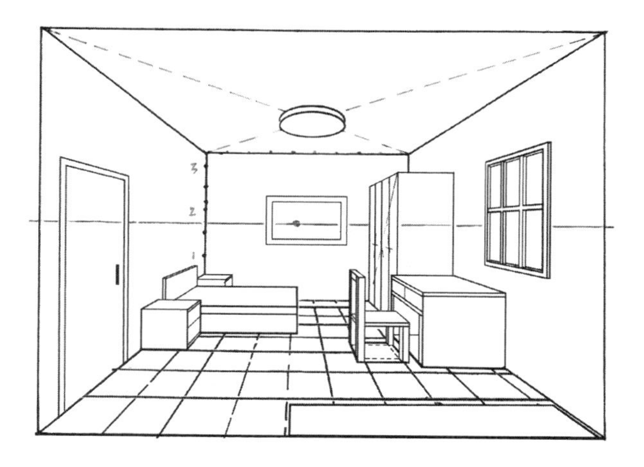

图 2-1-27　室内网格定位步骤 13

这些形状是透视得到的基本形，根据造型需要可增加细节或修改成合适的形状。

以上介绍的是网格定位法里面的对角线等分法，分出的小格子可以是正方形也可以是长方形，显而易见，分出正方形的格子，更方便计算大小和位置。但实际上，不用画那么多的对角线也可以完成分割，如图 2-1-23 所示，纵向的透视线已经将长的对角线等分为 4 段，将交点做水平的横线即可。方法是多样的，可根据情况灵活运用。

注意：有经验的人懂得在偶数单位正方形里分格子，将格子分为容易计算的尺寸（比如 50cm × 50cm、100cm × 100cm 见方等），在基数单位里分格子，很容易分出不是整数的格子（比如 75cm、37.5cm 等），非常不方便使用。

5. 圆的透视

将圆放入正方形，我们可以观察到圆随着正方形的透视变化而变化，如图 2—1—28 所示。

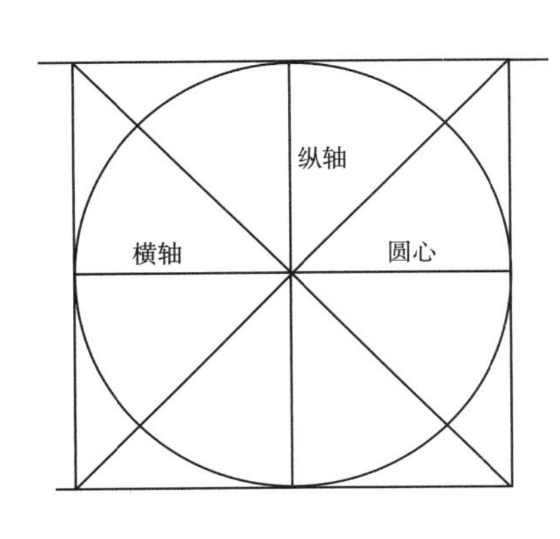

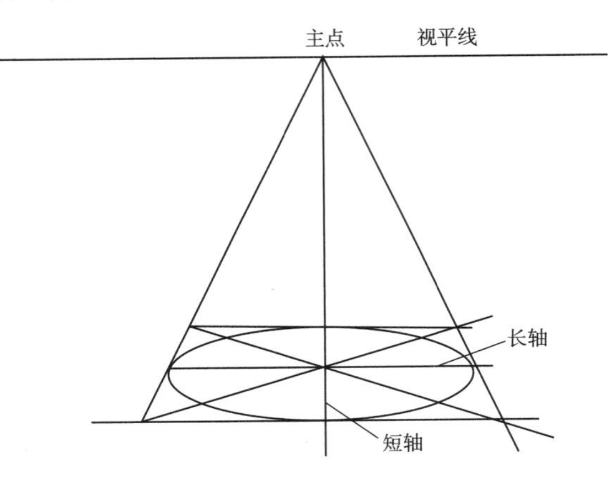

图 2-1-28　圆的透视

找到竖向正方形的透视变化，也必然求得到内切圆的透视；近处的半圆显得比远处的半圆面积大；同样，找到长方体的透视变化，也能求出圆柱的透视，如图 2—1—29 所示。

平放的圆面与平放的正方形一样距离视平线越近，面越扁，这也是近大远小的特点，如图 2—1—30 所示。

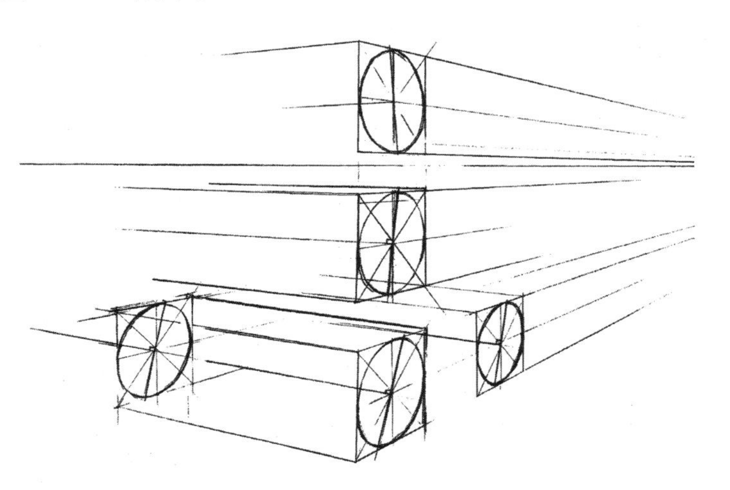

图 2-1-29　圆柱的透视

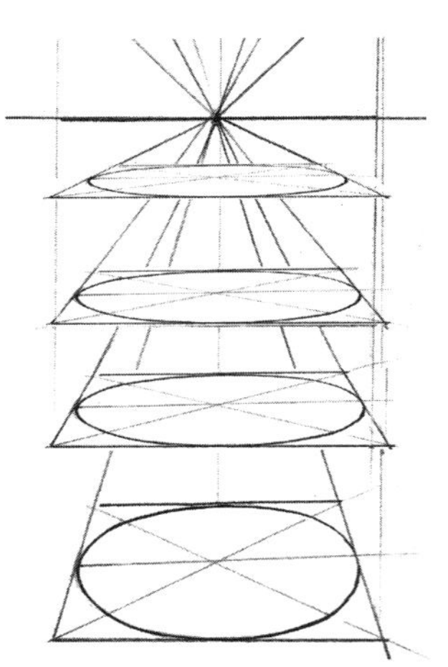

图 2-1-30　平放圆面的透视

图 2—1—31 提供了一些错误示例。

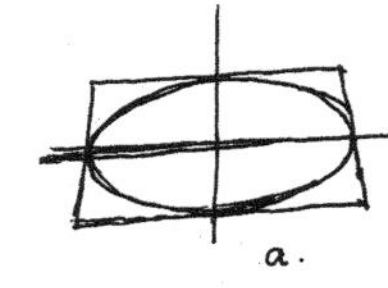

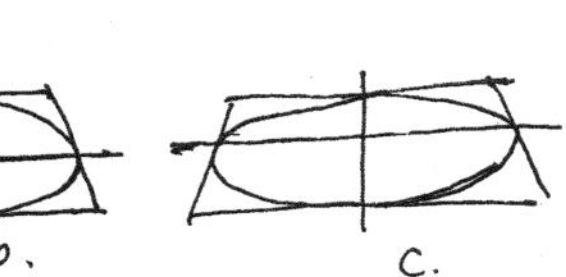

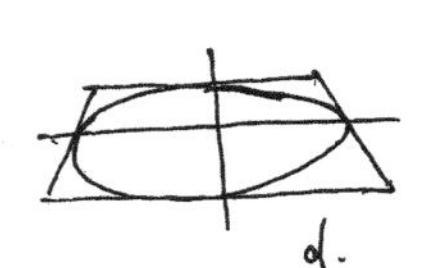

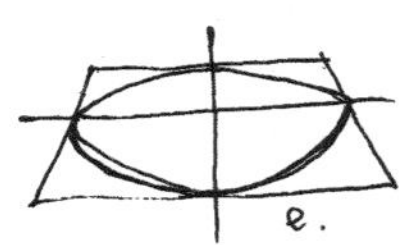

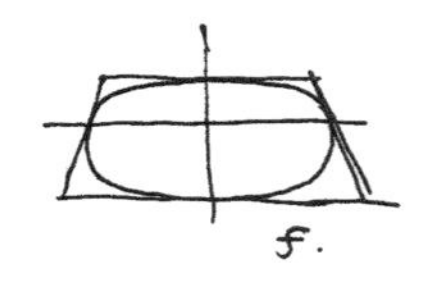

图 2-1-31　错误例子

（a、b）远处的半圆比近处大或一样大。

（c）圆的边线不光滑，不圆。

（d）圆面的两头一边大、一边小。

（e）圆面的两头太尖。

（f）圆面的两头太方。

6. 透视的角度与例图

图 2-1-32 ～图 2-1-35 为两点和一点透视案例。

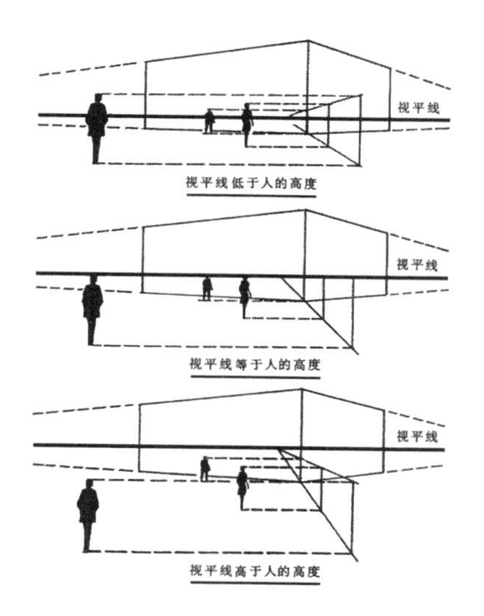

图 2-1-32 视平线的高低角度

图 2-1-33 室内两点透视

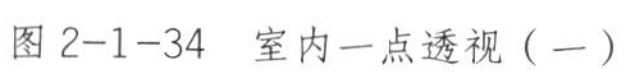

图 2-1-34 室内一点透视（一）

图 2-1-35 室内一点透视（二）

如图 2-1-36、图 2-1-37 所示，加入了阴影透视的内容，光线从门外窗外照射进来，亮光投影在地面上。

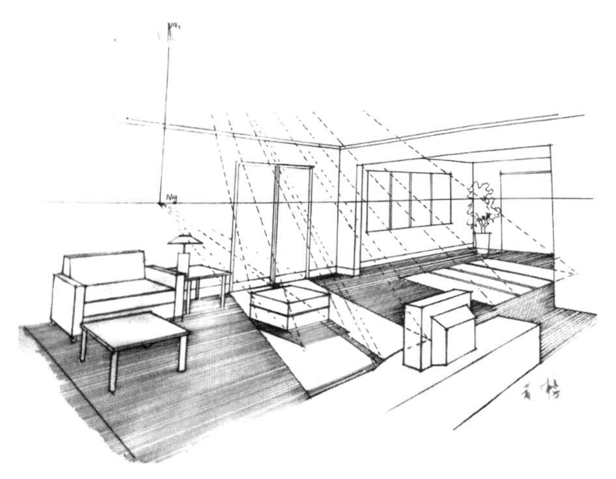

图 2-1-36 室内光线阴影（一）

图 2-1-37 室内光线阴影（二）

图 2-1-38　室外光线投影

如图 2-1-38 所示，这张图细节上有出入，比如门框及门上的投影，没有根据凹凸不同的面作投影的转折分析，不过用线细致，整洁美观。

如图 2-1-39、图 2-1-40 所示，严格的透视求法，要求工整、清晰、效果突出。画面用密集和稀疏做出了一定的明暗。

图 2-1-39　建筑范图（一）

图 2-1-40　建筑范图（二）

作业建议:

1. 临摹为主，先把透视求法弄明白。
2. 适当做研究性的写生。
3. 临摹透视范图可以帮助理解。

第二节 形、体的概念分析和表达

【知识目标】通过对形体结构的分析和理解，让学生掌握表达形体结构的造型方法。

【能力目标】通过对几何形体、静物结构画法的训练，提高学生用线造型的能力，用线来表现形体、结构和空间。

【训练设计】石膏几何体的结构表现、静物的结构表现、室内空间场景的结构表现。

一、形、体的概念和关系

造型艺术范畴中的形体，包括形、体两个含义。“形”即物象的形状，是平面的概念。我们可以通过形状来识别物象，可形状不能完全准确地反映物象占有的空间形式。“体”是物体的体积，也就是客观存在的物体对三维空间的占有状态，即人们通常所说的长、宽、高的三度空间，“体”是立体的概念。如图 2–2–1、图 2–2–2 所示。

图 2–2–1 形的图例

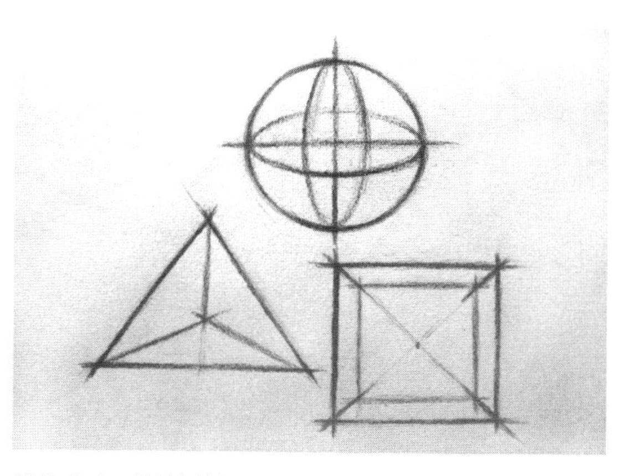

图 2–2–2 体的图例

形与体是相辅相成不可分割的，形依附于体，体支撑起形。形体结构是客观存在的真实物象，素描就是要运用点、线、面及明暗等形式语言和透视法则在二维平面中塑造出三维立体的物象，没有训练过的眼睛只会注重某角度正视物体的平面形，而忽略物体纵深方向的起伏变化，素描的造型训练要求学生树立牢固的“形体”概念，建立“形体”意识。

二、静物结构画法

静物是各种静态的物体，可以是各类实用物品如工业产品、生活用品、器皿、工具，也可以是水果、花卉、食物等。结构画法以理解、剖析对象的结构关系为目的，静物比几何体的造型形态更加复杂，结构变化更加细微，以静物作为结构画法的研究对象，可以训练我们分析和表现形体穿插、契合关系的能力，同时也训练我们对三维空间立体形态的想象力和把握能力。

（一）观察方法

素描作为造型艺术的基础训练手段，不仅训练我们表达的能力，更重要的是训练我们的观察能力，要求我们掌握正确的观察方法。结构画法和明暗画法的观察方法有一定区别，这里所指的观察不是一般的观看和辨识，而是对客观物象有意识的全方位观视，首先要掌握的是整体、立体和本质的观察方法。

1. 整体的观察

在动笔表现之前，必须留出充分观察的时间，不光要注意细节、特点，更重要的是需要把握整体的概念，也就是对整体特点、形状、比例、大小等的认识和把握。

实际上在描绘对象的过程中也需要反复比较和观察，才能真正理解并描绘出来。整体的观察是一个动态的过程，一般是先整体，后局部，再整体的过程。

2. 立体的观察

将物体概括为方体、圆球、圆柱、圆锥等简单的几何形体更利于我们理解形态结构，初学者需要改变以往平面化的理解方式，养成立体的思维模式和观察方法。

3. 本质的观察

结构是形体的内在本质，形体是结构的外部呈现，研究结构和形体的关系是结构表现的重点，因此在观察表现对象时，要抛开光影、明暗和质感等可变的现象性造型因素，抓住对象的本质即形体结构的造型特征。结构素描要求把客观对象想象成“透明体”，物体的前与后、内与外的结构，看不见的部分也要观察、分析到继而表达出来。如图 2–2–3、图 2–2–4 所示，正方体和八面体等石膏几何体都表现成透明体，实际上我们只能看见正方体的三个面，另外三个看不见的面要运用透视原理作分析并表现出来。

图 2–2–3　学生作业（李梦雨）

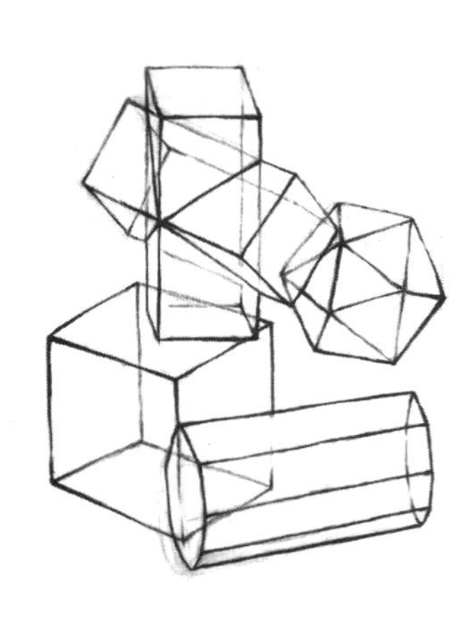

图 2–2–4　学生作业（沈婷）

（二）透视规律的运用

立方体纵深排列的各线段须服从近长远短的透视规律，八棱柱的两条棱边在纵深方向上属于同一个平面的也应是近长远短，如图 2–2–5 所示。

圆柱体的截面为正圆在透视变化中会短缩成了椭圆，且里面的弧长小于外面的弧长，外弧弯曲度大一点，里弧弯曲度小一点，如图 2–2–6 所示。

图 2–2–5　几何体的结构透视（一）

图 2–2–6　几何体的结构透视（二）

在静物结构画法的实践练习中，经常会以瓶瓶罐罐等各种器皿作为描绘对象，分析物体的形体组合规律。瓶子和罐子都是中心对称物体，围绕中心线再组合直径不等、高低不同的各种圆柱体和圆台体来构成。这些圆面的透视规律的运用显得尤为重要。

如图 2–2–7 所示瓶子的结构分解为四个部分：瓶口（标注为 1）、瓶颈（2、3）、瓶身（4）、瓶底座（5），每一部分的上下结合面也就是形体组合的结构面表现为一点透视状态下的圆面透视，离视平线越远的圆面越接近于正圆。

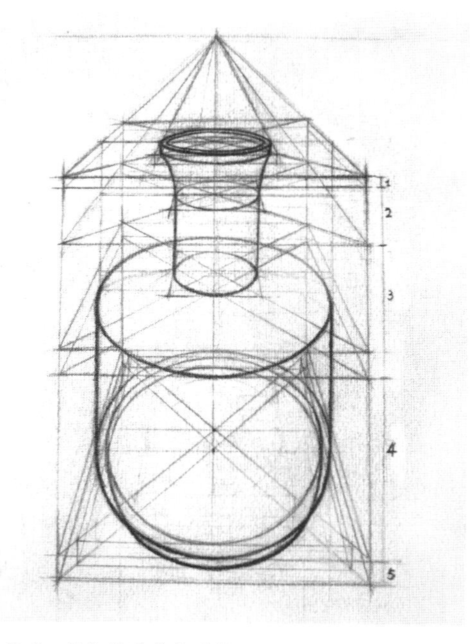

图 2–2–7　几何体的结构透视

（三）结构分析

我们将物体理解成几何形体的组合，对结构的分析就是研究它是由哪些几何形体组合成或变化成的。在做分析图时，必须依照透视原理、比例和大小，客观地来分析。

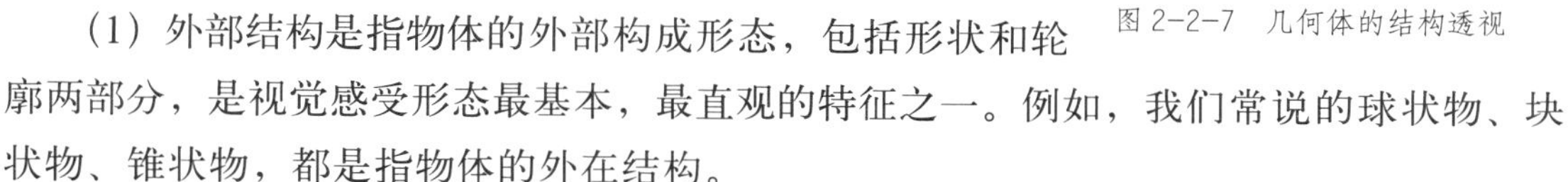

（1）外部结构是指物体的外部构成形态，包括形状和轮廓两部分，是视觉感受形态最基本，最直观的特征之一。例如，我们常说的球状物、块状物、锥状物，都是指物体的外在结构。

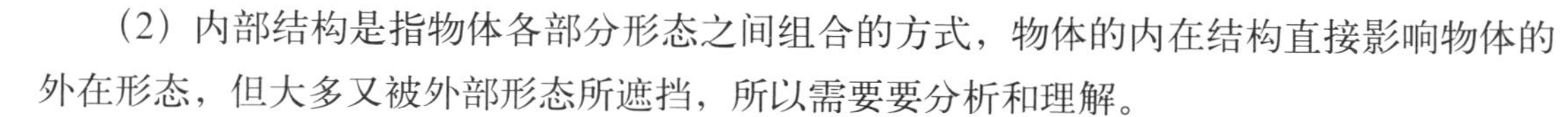

（2）内部结构是指物体各部分形态之间组合的方式，物体的内在结构直接影响物体的外在形态，但大多又被外部形态所遮挡，所以需要要分析和理解。

（3）结构画法就是将观察和理解到的物体的结构描绘出来。

罗马柱头的主体可以构分析为一个大圆柱体（柱身）和一个扁状的长方体（柱上楣）

图 2-2-8 学生作业

的组合，柱颈的两侧还有两个横向的小圆柱体，其他凹凸的饰带和装饰浮雕都依附于组成柱头的基本几何形体。柱形的东西需要做出中轴线方便描绘；各部分的透视关系要一致，如图 2-2-8 所示。

（四）线的表现

线是素描的重要表现要素之一，自然界的物象自身是没有线的，它是我们从自然物的形状和结构中抽象出来的，线可以代表物体、颜色和平面的边界，也可用来表现物体的形体和空间。

结构素描中的线可分为辅助线、轮廓线、结构线等。

（1）辅助线是用来确定形体空间位置的标记线、透视线以及用来参照的水平线、垂直线和交叉线等骨架型的线。

（2）轮廓线指空间中物象的边缘临界线，可表达形体的主要特征并将形体与邻近的形体及物象分割开来。

（3）结构线是用来描绘物象结构，分析形体与形体之间的构成关系，有可视和不可视之分。可视结构线包括轮廓线和连贯线，不可视结构线包括中轴线、对称线和剖切线。

结构素描以理解、剖析结构为最终目的，因此简洁明了的线条是它采用的主要表现手段，如图 2-2-9 所示。

可视结构线要求明确、肯定，不可视结构线用色较浅；近处的物体用线颜色深、粗，远处物体用色浅、细。运用线条的粗细、浓淡、疏密等也可以表现立体感、空间感，如图 2-2-10 所示。

图 2-2-9 学生作业（李卓异）

图 2-2-10 学生作业（林罗铎）

（五）结构素描作画步骤

（1）根据物体摆放的形式确定构图形式，再按比例确定好物体的位置和大小，如图 2-2-11 所示。

（2）依照透视规律描绘出物体的具体形象，如图 2-2-12 所示。

图 2-2-11　步骤一

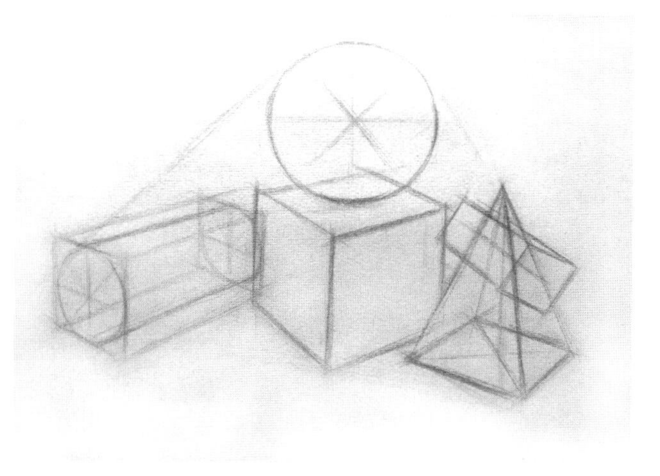
图 2-2-12　步骤二

（3）运用线的粗细、强弱来表现形体的结构起伏和转折，突出主体如图 2-2-13 所示。

（4）检查各部位关系，整体调整画面的空间虚实关系，强化主体突出视觉中心，如图 2-2-14 所示。

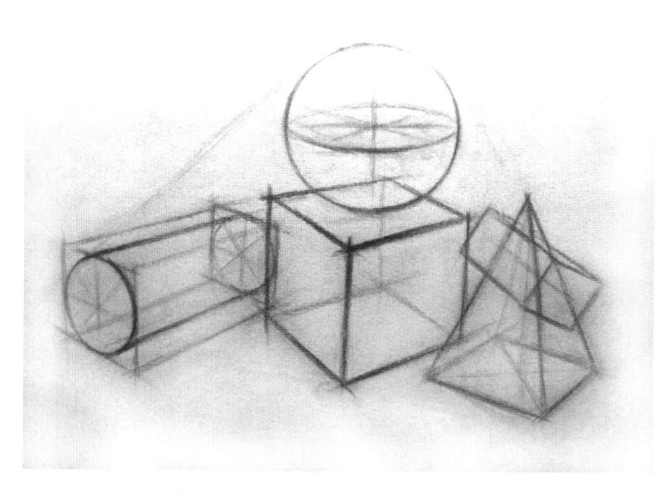
图 2-2-13　步骤三

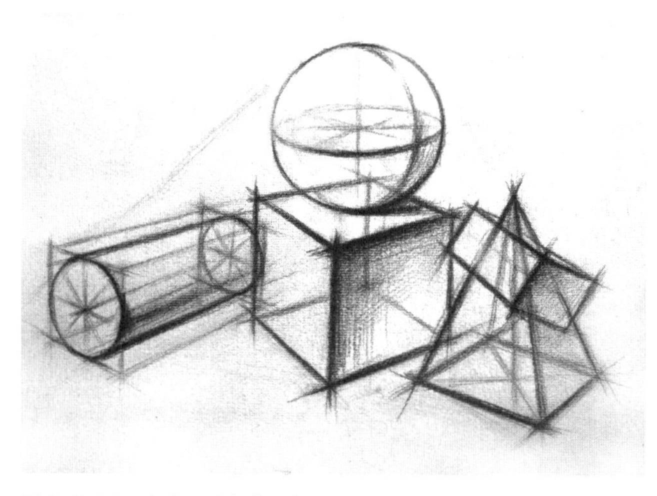
图 2-2-14　步骤四（卿笑天）

三、静物结构训练

1. 石膏几何体的结构表现

实训目的：通过石膏几何体写生培养学生的形体和结构意识，把透视原理运用于结构画法的空间表现，掌握结构表现的基本方法如图 2-2-15、图 2-2-16 所示。

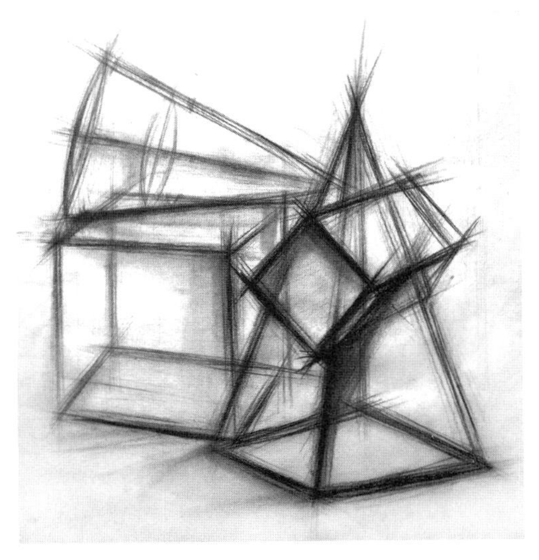

图 2-2-15　学生作业（刘赵锦）

图 2-2-16　学生作业（陈迹）

拓展训练：运用几何形体的造型规律，启发学生的空间构想能力和形体的组织能力，可以安排学生创造性地进行几何形体的组合练习如图 2-2-17、图 2-2-18 所示。

2. 静物的结构表现

实训目的：通过各种形体的临摹和写生，训练学生用几何形体的规则形状去理解和构成不同形态的物体，同时运用结构表现的方法分析描绘对象的内外构造，如图 2-2-19 ~ 图 2-2-29 所示。

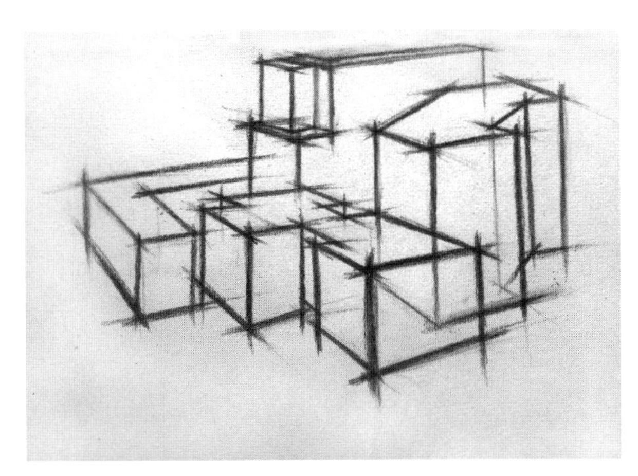

图 2-2-17　几何形体组合练习（一）

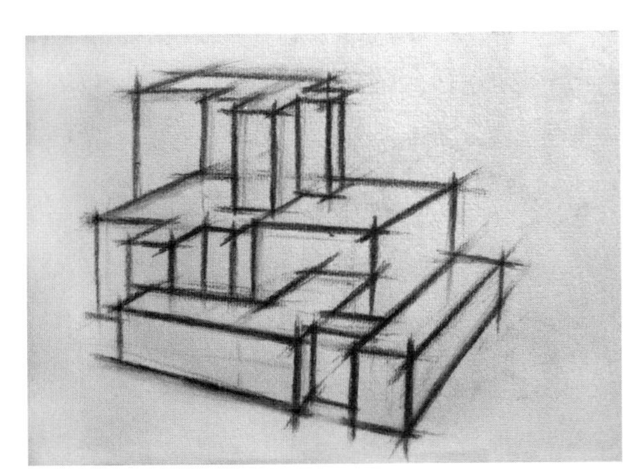

图 2-2-18　几何形体组合练习（二）

图 2-2-19　学生作业（齐李松）

图 2-2-20　学生作业

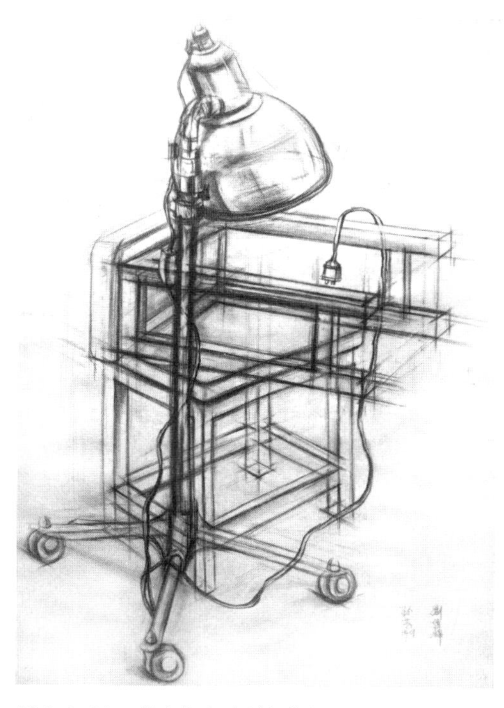

图 2-2-21　学生作业（刘赵锦）

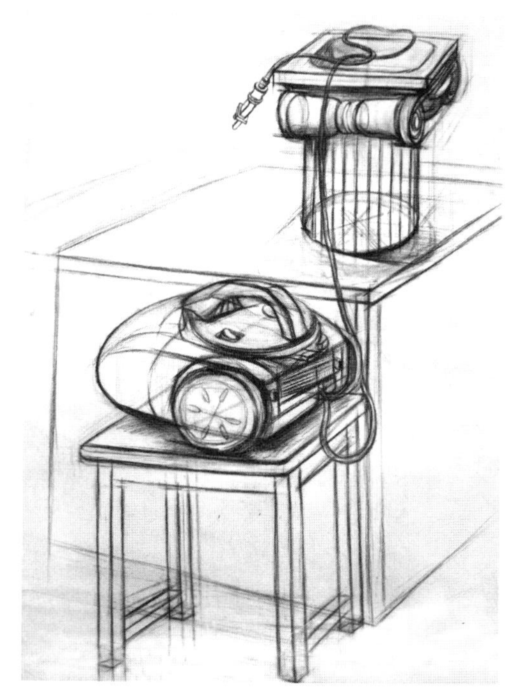

图 2-2-22　学生作业（盛玲玲）

图 2-2-23　椅子结构范图（林琅）

图 2-2-24　台灯结构范图（林琅）

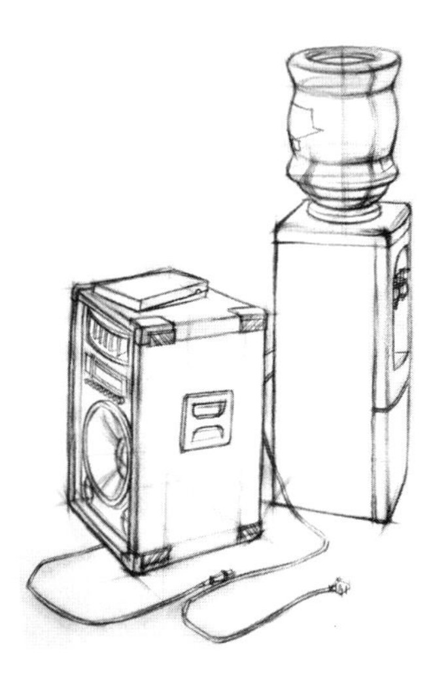

图 2-2-25　饮水机结构范图（林琅）

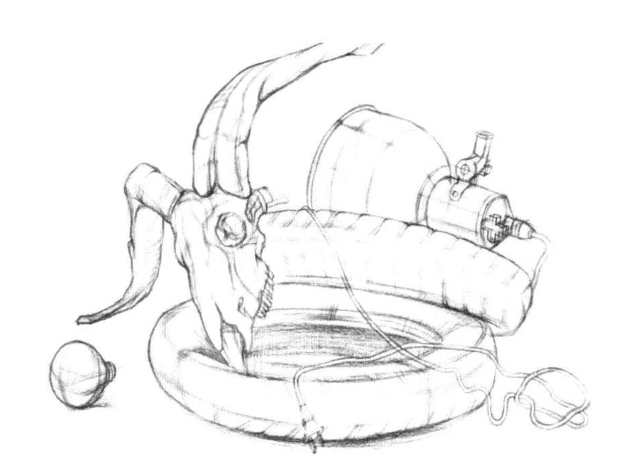

图 2-2-26　羊头及杂物结构范图（林琅）

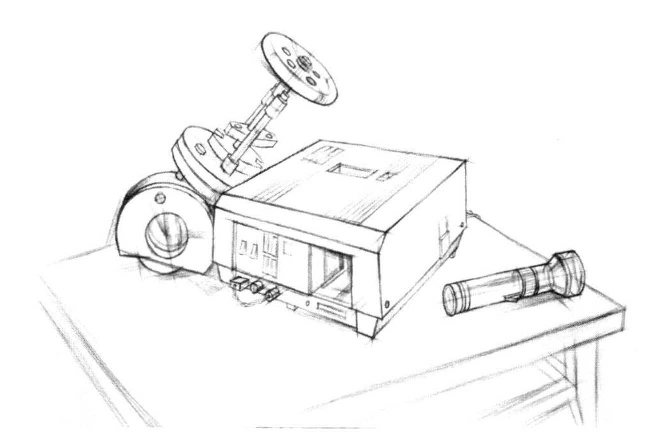

图 2-2-27　器具结构范图（林琅）

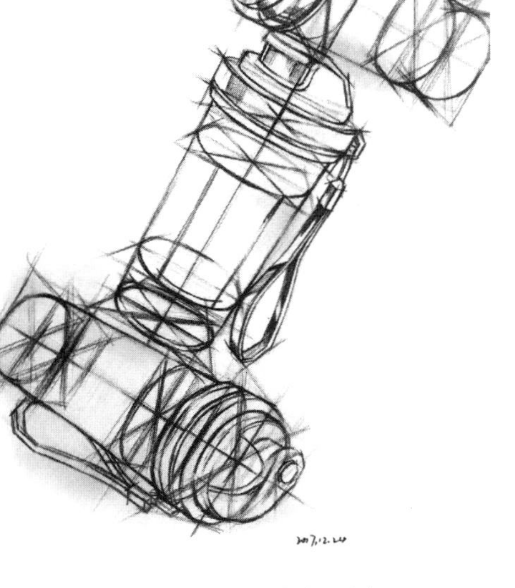

图 2-2-28　静物结构分析（兰承兵）

图 2-2-29　自行车结构范图（林琅）

四、建筑结构画法

我们学习造型一般会将复杂的形体用分解、组合的形式来帮助理解，结构就是指物体各部分的组合和构造关系。物体实际上都有着自己内部和外部的构成方式，它们各部分的互相连接、穿插和覆盖，决定着物体的形态。

我们研究建筑的结构是为了更加准确、客观地表现建筑的形态，建筑结构素描是指以建筑结构方式为基础，以线条为主要造型手段，按照透视的基本原理来描绘的。

（一）建筑几何结构分析

建筑几何结构分析方法如图 2-2-30～图 2-2-33 所示。

图 2-2-30　实物照片

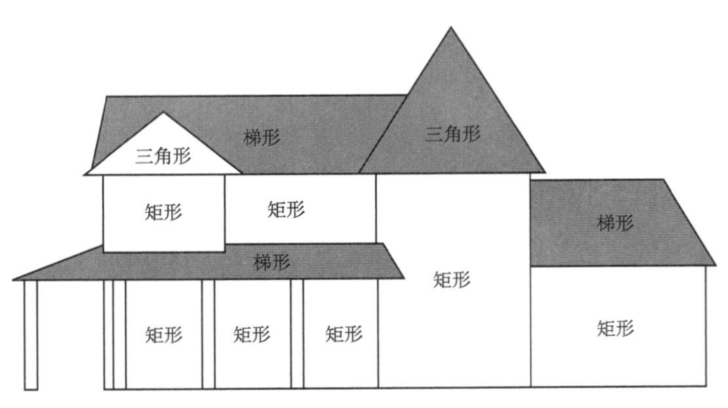

图 2-2-31　正立面几何模块分析

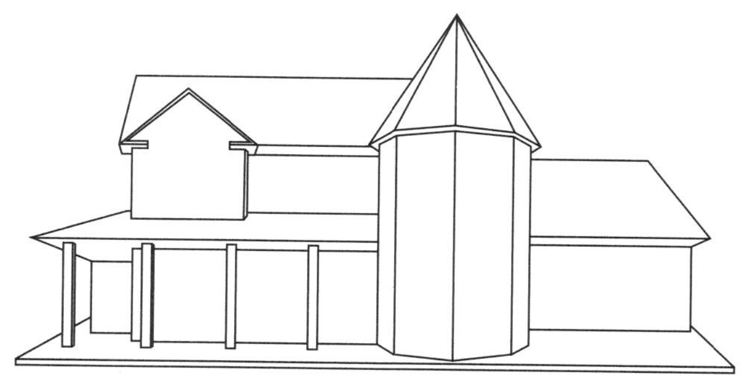

图 2-2-32　体块分析

图 2-2-33　加入细节

（二）结构线的应用

外结构线是指表现建筑外部的构造结构、空间结构的线条，即“实线条”。内结构线是指建筑内部结构线条，即“虚线条”。在线条的轻、重关系的处理上要充分考虑到外、内结构线的不同，外结构用线重一些、实一些，内结构线则要轻一些、虚一些。背后看不见的结构线也要化成虚线。

如图 2-2-34 所示，a 线条是外部结构线，表现出建筑的外部结构。画线条时要重，实在一些；b 线条是内部结构，是作为作画时分析建筑内部结构是否正确的线条。画线时应轻一些，虚一些。不要影响到外结构线的变现。

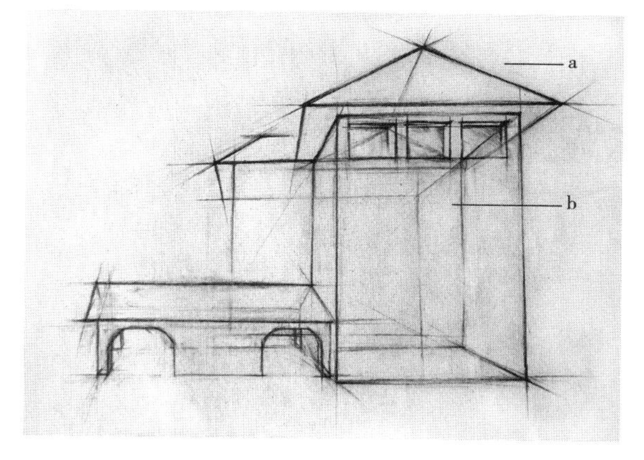

图 2-2-34　建筑结构线（陈杨飞）

（三）建筑结构画法

（1）从整体出发，观察并找准建筑的透视状况、基本比例，用点在画面上标出上、下、左、右的位置关系。在反复比较的基础上确定基本形同时用线要轻并注意画面构图，如图 2-2-35 所示。

（2）运用透视原理，用轻一些的长直线画出建筑的形体结构，并进行反复检查调整，如图 2-2-36 所示。

图 2-2-35　步骤一

图 2-2-36　步骤二

（3）采用推导造型的方法，分析结构，准确运用线条深入地画出建筑的整体构造结构和空间结构关系，以及局部之间结构的组合空间关系，如图 2-2-37 所示。

（4）进一步肯定建筑结构关系及细节塑造，要注意线条轻、重、缓、急的变化处理。反复调整修改，使画面主次关系明确，画面效果完整，如图 2-2-38 所示。

图 2-2-37　步骤三

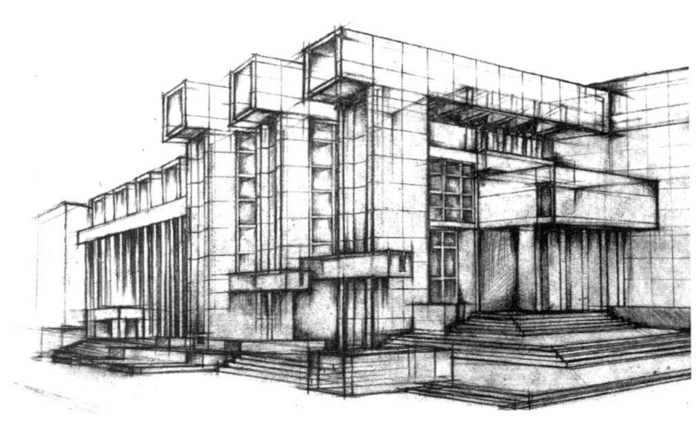

图 2-2-38　建筑结构画法完成图（陈杨飞）

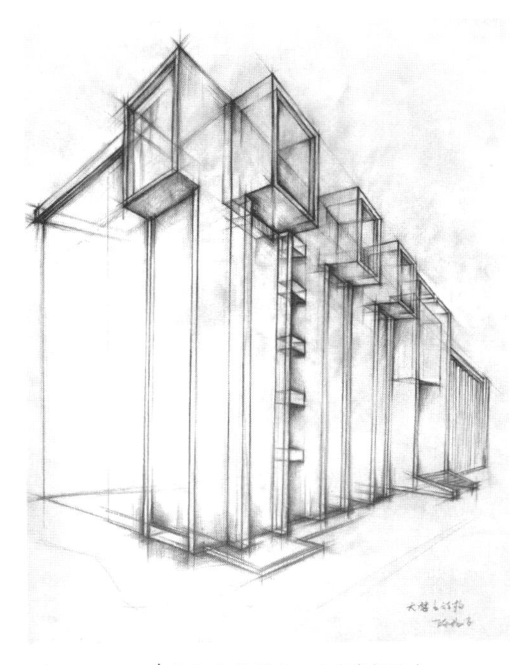

图 2-2-39　建筑结构范图（一）（陈杨飞）

（四）建筑结构画法范图

现代建筑多由简单大方的直线条和块面构成，有很强的立体感，作画时首先要确定好构图位置、比例关系和透视关系，然后定出重要的结构点位置，进行绘制。在绘制过程中通过透视关系反复检查线条的准确性，特别是透视关系强烈的角度，更要注意通过内结构线进行检查，如图 2-2-39 所示。

中国古代建筑绝大多数都是以木构架作为建筑的本体（区别于西方建筑所用的石材），有“斗拱”。整体结构比较复杂。在作画中要认真分析，比较各结构位置。要对复杂的建筑内部构造进行分析，并通过线条比对，如图 2-2-40 所示。

各种风格的建筑都有其独特的特点。在作画时应先对各种风格进行了解，熟悉其构造形式。并注意细节的处理，如图 2-2-41 ～图 2-2-43 所示。

图 2-2-40　建筑结构范图（二）（陈杨飞）

图 2-2-41　建筑结构范图（三）（陈杨飞）

图 2-2-42　室内结构（一）（学生作业）

图 2-2-43　室内结构（二）（学生作业）

（五）结构研究分析参照图

用结构线分析出各部位的关系，注意木块的搭接和透视的把握，如图 2-2-44 所示。

用结构线分析塔楼的构造，注意块面的方向和透视关系，如图 2-2-45 所示。

同样方法分析图 2-2-46 ～图 2-2-55。

图 2-2-44　结构分析（一）

图 2-2-45　结构分析（二）

图 2-2-46　结构分析（三）

图 2-2-47　结构分析（四）

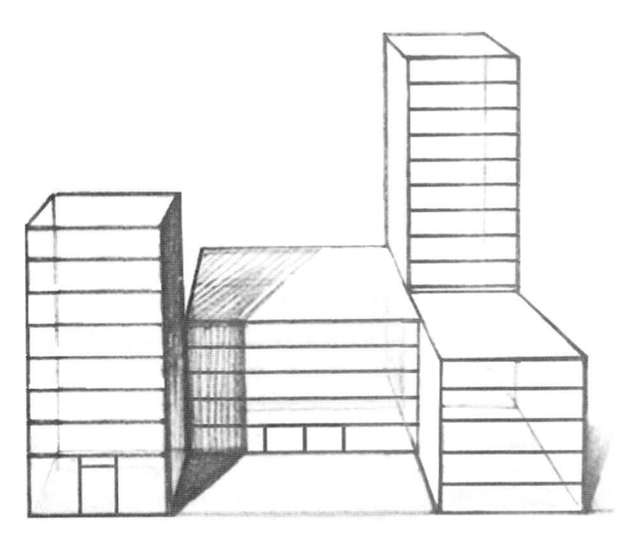

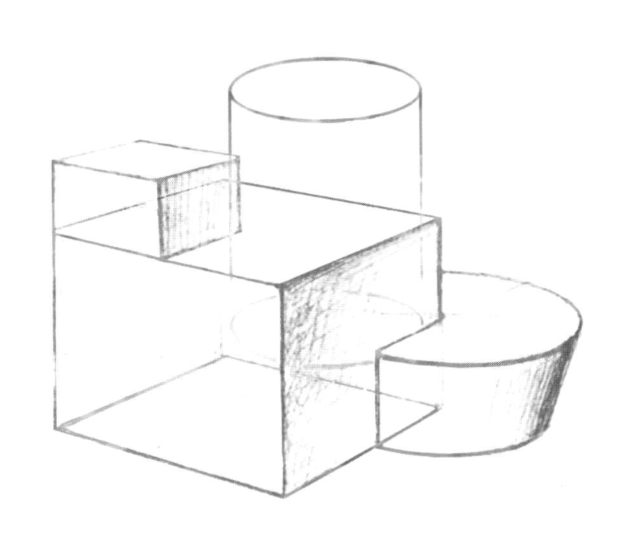

图 2-2-48 建筑体块分析范图

图 2-2-49 建筑块体结构分析（一）

图 2-2-50 建筑块体结构分析（二）

图 2-2-51 建筑块体结构分析（三）

图 2-2-52 建筑块体结构分析（四）

图 2-2-53　建筑块体结构分析（五）

图 2-2-54　建筑块体结构分析（六）

图 2-2-55　建筑结构分析（七）

作业建议：

画建筑小品结构，8 开画纸 3 幅。

练习方法：大量临摹结合写生。

练习要求：①透视正确；②比例正确；③结构合理；④清晰明了。

ARCHITECTURAL SKETCH FOUNDATION

Chapter 3

第三章 光影素描

第一节 空间的概念和表达

【知识目标】通过对空间概念及表达的阐述，让学生对空间有更清晰的了解，从而重视对空间感的训练。

【能力目标】通过对空间概念的认识及空间表现的练习，提高空间表现能力。

【知识导向】空间是素描训练的一个重要内容，需要通过大量的研究分析和实际练习来充分消化，以培养出空间感。

【训练设计】由简单到复杂、由浅入深地反复训练。此项训练可以融入到明暗、质感的训练中。

一、什么是空间

空间指的是我们眼睛能正常观察到的三维立体世界。素描的空间指的是在二维的纸面利用透视规律、造型规律、明暗关系等制造三维的错觉，让人感觉到立体空间的特点。说简单点，就是从画面的物体大小、位置、立体感觉、虚实处理来制造假象的立体空间。

素描造型训练包括物体形状和空间环境的塑造，立体效果和空间紧密相连。

空间概念的区别如下。

形是指外形，不包括体积。

体是指立体的造型，本身就是空间的一部分。

空间是指立体的空间环境，不光包括单独的物体，还包括物体存在的前、后、左、右、上、下等客观环境。

远、近、大、小可以说明空间，习惯上，都认为小的东西在远处，如图 3–1–1 所示。

位置前后可以说明空间，互相间的遮挡可以感觉到前后关系，传递出空间信息，如图 3–2–2 所示。

图 3–1–1 远近大小

图 3–1–2 位置前后

虚与实可以说明空间，近处清晰（对比强）；远处虚（对比弱），看得不够清楚，如图3-1-3所示。

亮与暗可以说明空间，亮和暗的变化说明受光的情况，也说明空间的情况，投影是对物体和环境空间关系的进一步说明，如图3-1-4所示。

图3-1-3　虚实对比

图3-1-4　亮暗对比

二、空间的重要性

（一）学习空间的目的

空间的表现是素描学习的一个重要部分，空间感是学习造型艺术必须的素养。对于造型艺术来说，素描训练不光是解决物体的基本形，重要的是要解决立体空间的塑造，同时培养空间感和空间想象能力。

（二）学习空间的作用

对空间的理解和认识更方便研究和表达立体的、复杂结构的、大场景的立体环境，对于学习美术、设计等专业的人来说，建立良好的空间感更助于构思，也更助于表现设计意图。

（三）什么是空间感

空间感指对空间敏感的感知能力和表现能力。

“画面的空间感”是讲画面空间的理解和表达问题，说一个人“有没有空间感”是说他有没有空间的意识（空间的理解力和空间想象能力），当然表现在画面上就是空间的表达正不正确。

培养空间意识是学习绘画的基础，也是学习绘画的目的，也就是说没有空间认识无法进入素描的进一步学习，我们往往需要通过大量的练习来培养“空间感”，随着对素描研究的深入，空间意识逐步增强。

我们生活在客观的空间里，空间道理很容易懂，但空间意识却需要专门训练才能具备。

三、空间的表达方式

空间的表达包括空间位置、比例大小、立体关系、虚实关系等，从画法上来说有透视法、线描法（结构法）、明暗法。其中明暗法是最复杂的表现方式，同时也必须以透视法则和结构分析为基础，通过明暗、虚实来表现立体的空间环境和物体。

（一）虚实的概念

虚实指的是效果强和弱给人的清晰和模糊的区别。比如，画的线有粗细、强弱、颜色深或浅的区别，画的块面颜色也有深浅的区别，但用在画面上对比出物象和立体明暗的时候就感觉到了清楚与不清楚。那么清楚的叫做“实”，不清楚的叫做“虚”。一般说来，近处实，远处虚，虚和实的灵活使用可以使空间更自然、真实。

（二）空间的表达方式

1. 透视对空间的表达

这是一点透视图，透视的空间是严格按照近大远小的透视规律来制作的，从视觉的引申上感觉到空间存在，如图 3-1-5 所示。

2. 线描的空间（包括结构画法）

线描和结构画法的空间是按照透视的规律，遵循空间位置的前后关系，并分析物体本身的立体结构，试图让空间表达更清楚，如图 3-1-6 所示。

图 3-1-5　一点透视图

图 3-1-6　线描和结构画法的空间

以上是我们常说的透视线描图，对空间的位置可以有很清楚地交代，但不足以表现立体的空间效果。素描包括透视、形状、明暗、虚实、主次、层次等。

素描对空间的表达可以很详细，通过主观处理还可以表达出情感、气氛等。

3. 明暗表达空间

明暗画法对空间的表达力求还原客观事实的视觉感受，从物体本身的受光分析到物体间的互相影响以及整体空间的虚实关系，都尽量详细地研究，并且通过主观的画面调整来突出主体、使画面明朗、响亮。

如图 3-1-7 所示，门洞顶部的投影用虚实做出了清晰的空间感。

明暗法就是光影法，是最能细致表达空间的方法，通过明暗的细致描绘，可以表现出光感、质感、虚实等关系。通过光影素描的训练，可以深刻分析形体、空间、质感等。对后期的设计和表现起到必要的基础性作用。

如图 3-1-8 所示，投影的虚实处理使空间很通透。

图 3-1-7　Ernest W.Watson 作品（铅笔）

图 3-1-8　W.Ralph Merrill 作品（铅笔）

（三）明暗空间的画法

1. 以方体为例

以方体为例，明暗对比出立体关系。强调明暗的对比可以加强立体效果，首先加强明暗交界线，方法是棱边要整齐，亮部、暗部对比要强烈；相对而言，往远处走的边线清晰度降低、对比也减弱，这样就造成了清晰与模糊的对比，虚与实的对比，也就表现了近处与远处的距离感。接近物体的投影较暗，远处的投影逐渐减弱产生的虚实对比表现了空间距离。

图 3-1-9　正方体

如图 3-1-9 所示的正方体现在看起来中间的尖角很突出，伸向观者，远处的角向后退，立面背景的颜色深，既衬托了台面，也衬托了方体，丰富的变化也增加了背景的深度。

2. 以圆球为例

如图 3-1-10 所示，以圆球为例，首先学会看什么是球状（立体），有了概念才会自觉检查球体像不像。经过训练的眼睛，很容易看出球体圆不圆、立不立体。

画球体明暗交界线特别重要，一是交界线的位置和形状说明了球体的状态，二是明暗交界线两边的灰色，过渡不好球体就不圆。

图 3-1-10　圆球

整个球体与背景之间的对比使球体突出，亮部与背景的对比较强，边缘明显；暗部边缘与背景的分界较模糊。

3. 空间表达

如图 3-1-11 所示，精道的虚实处理使画面充满光和空气感，自然清新。

图 3-1-11　E.P.Chrystie 作品（炭笔）

远处的建筑根据远近做了不同层次的虚化。

复杂空间的表达，不光要安排好物体的位置，还要做好明暗对比、虚实的处理。这样才会补充空间的表达，使主体突出、层次分明、空间更自然合理。

自然空间里的物像遵循客观的规律存在，埃舍尔的矛盾空间的作品是戏剧化的调侃和刻意的视觉尝试，如图 3-1-12、图 3-1-13 所示。

图 3-1-12　矛盾空间（一）（埃舍尔）

图 3-1-13　矛盾空间（二）（埃舍尔）

（四）错误的空间表达实例分析（学生作业）

1. 实例一（图 3–1–14）

问题：方体和罐子的空间位置出了问题，两个挨得这样近造成了矛盾的空间。大肚的罐子容不下贴得这样近的方体。

修改方法：因为方体容易画，可以将方体往前（下）挪，或者将罐子底部截短，使之位置退后。

2. 实例二（图 3–1–15）

问题：①两个组合体之间的空间显然容不下那个柱体，属于空间位置错误；②几个几何体与立面背景的对比形成了一个整齐的分界，使主体像剪影一样贴在背景上，太死板，空间做死了。属于虚实处理不当。

修改方法：重画，或者去掉柱体；背景与主题的对比不要到处一样，做出变化来；边缘要有实和虚的变化。

图 3–1–14　实例一

图 3–1–15　实例二

3. 实例三（图 3–1–16）

问题：苹果像镶嵌进了衬布里一样，没有了空间。属于背景与主体对比错误。

修改方法：一是减弱苹果亮部与衬布的对比，将衬布做浅；二是将苹果亮部后面的衬布暗色做向亮色的过渡，使之自然；三是将苹果亮部后的暗色做成布纹的暗色，自然地衬托苹果。

4. 实例四（图 3–1–17）

问题：①物体的暗部边缘太清楚、太硬，削弱了球的感觉；②暗部的衬布皱纹太清晰、太突出，和水果粘在一起了，也减弱了空间；③衬布的上边缘过于清晰，不但没有往后退的视觉感，而且还向前突出，破坏了立体空间，属于虚实处理不当。

修改方法：暗部和远处都要虚，减弱对比。

5. 实例五（图 3–1–18）

问题：①暗部太黑，缺少反光，做死板了，立体感不够，忽略了环境光的影响；②明暗交界线的形状与形体不符，立体表达错误，对立体的认识也不够。

修改方法：用橡皮吸掉太暗的颜色，做出反光来；修改明暗交界线的形状，使之更符合球体的感觉，并做好颜色的衔接与过渡。

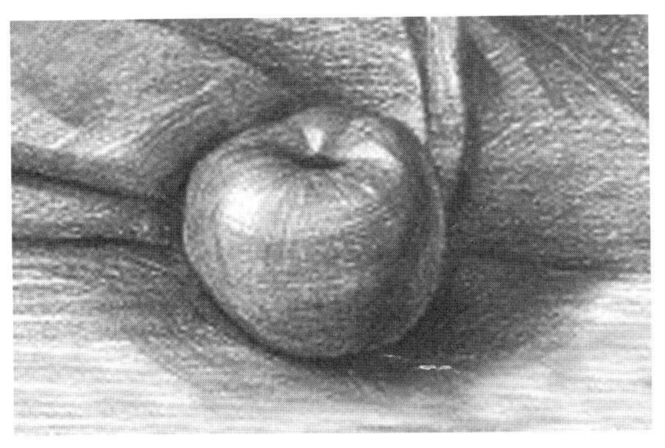
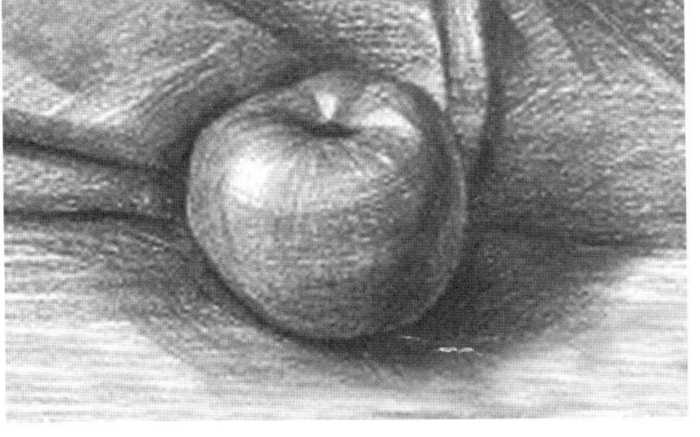

图 3-1-16　实例三

图 3-1-17　实例四

6. 实例六（图 3-1-19）

问题：石膏体的背光部不应该那么暗，反光应该比较清晰，这样的暗色使暗色与投影融为一体了，空间就不存在了。

修改方法：擦出反光来，让耳朵的形状出来，空间也就对比出来了。

图 3-1-18　实例五

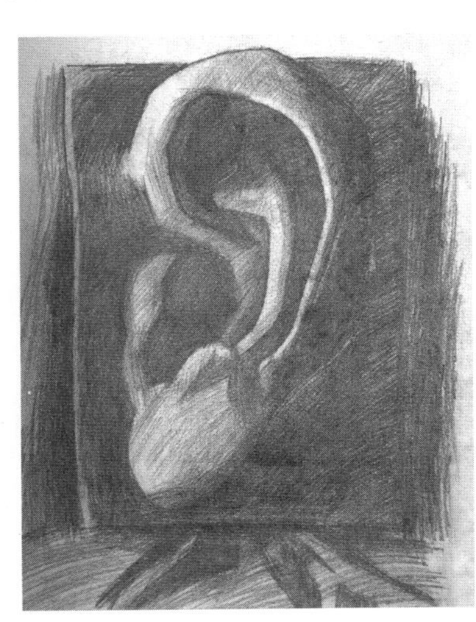

图 3-1-19　实例六

7. 实例七（图 3-1-20）

问题：①明暗交界线处的对比弱了，立体感不强；②明暗交界线不清晰，形体边缘不清晰，造成“软”的感觉。颜色对比认识不够，立体感弱了。

修改方法：加深明暗交界线处受光与背光的对比，明暗交界线旁边的亮部要亮起来；明暗交界线的边缘要做清晰，投影与物体的对比要加强，物体边缘应该比较清晰。

8. 实例八（图 3-1-21）

问题：①立面衬布与主体颜色太接近，造成效果不强，空间粘连；②左边苹果颜色与投影粘连，立体出不来。

修改方法：加深立面衬布的颜色，使对比加强；苹果后面的投影加暗，苹果的反光增加。

9. 实例九（图 3-1-22）

问题：①投影、衬布与多面体区分不开，用粗线分割是错误的；②罐子与衬布关系交代不清，像飞在空中一样；③罐子画得太实，感觉和组合体一样突出，空间关系混乱，立体感也出不来。

图 3-1-20 实例七

图 3-1-21 实例八

修改方法：①加强衬布上投影的颜色，擦掉石膏体上的黑粗线；②罐子的投影要画出来，底部的衬布应该有变化；③罐子适当虚化，组合体的立体感要加强。

10. 实例十（图 3-1-23）

问题：①罐子暗部边线太清晰，没有虚下去，影响了立体空间的表达；②罐子下半部的横向线是个圆弧，没有远的效果，影响了立体效果；③浅色的梨画得像个铁蛋；④受光部与衬布的颜色太接近，像粘在一起的，空间效果不对。

修改方法：①罐子暗部边线要做虚、做模糊；②罐子上的圆弧要按照远的透视规律来改；③梨擦了重画。

图 3-1-22 实例九

11. 实例十一（图 3-1-24）

问题：①这样的明暗衬托方式造成了剪影似的效果，削弱了瓶子的立体，简单的暗色也形不成空间；②罐子自身的明暗对比交代不清，反光太亮，像发光的灯泡；亮部的高光范围太大，位置也不确定。

修改方法：背景画全，而不是仅围绕主体画，而且要表现出颜色变化来。罐子的反光削弱；亮部确定高光的位置，做好亮灰色。

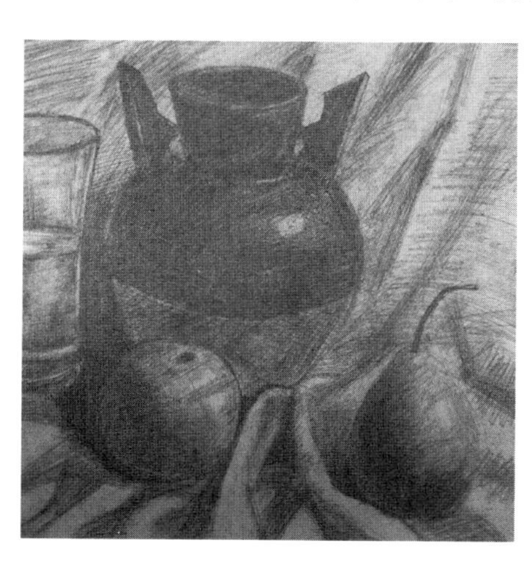

图 3-1-23 实例十

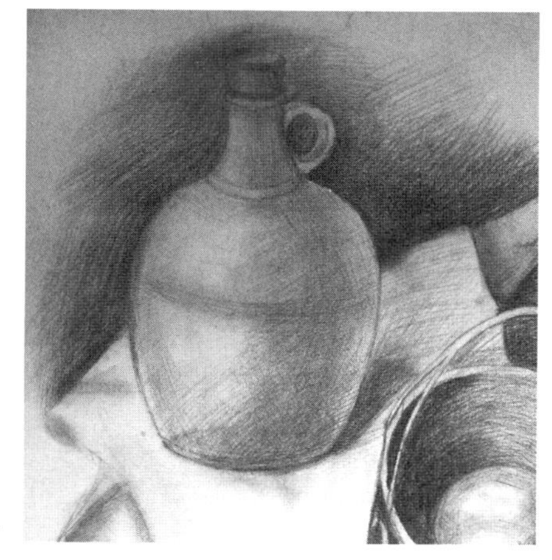

图 3-1-24 实例十一

（五）如何培养正确的空间意识

不管是画结构素描还是光影素描，都可以训练空间感，但都必须先学会看，要懂得什么样的空间表达是正确的，什么样的是错误的，提高认识再训练怎样画。这句话说起来简单，做起来并不是每个人都容易，有些同学对空间意识进入较快，有些同学平时空间理解力就弱，需要加倍努力练习才能有所提高。

作业建议：

空间的训练其实从透视就开始了，随着结构素描的研究、光影素描的研究，对空间的理解越来越清晰和深入。空间的练习在单体训练和组合训练中一起练习。

经常给学生评奖作业，分析对错，让学生多体会。

先训练眼睛，学会看，多比较、分析，提高认识，同时提高手上功夫。

第二节　质感的概念和表达

【知识目标】通过对不同质感特点的比较和表现方法的分析和训练，让学生掌握质感的表现方法。

【能力目标】通过对质感表现的练习，提高学生的认识和素描表现能力。

【知识导向】质感说到底就是通过明暗颜色的不同对比来体现的，认真作比较、分析和归纳，就能够明白其中的规律。

【训练设计】可以从不同材质的单体进行训练，然后进行组合训练。此项训练始终贯穿在明暗素描的训练中。

图 3-2-1　线面结合法（学生作业）

一、质感的概念

质感指的是各个物体因为质地不同而产生的粗糙、细腻、光滑、透明、厚重、柔软、坚硬等视觉特征。质感可以通过视觉、触觉感知到，在绘画里指的是视觉感受。

质感的表现是指明暗素描的画法，线描、结构画法不能表现出质感。

如图 3-2-1 所示，介于结构画法和明暗画法之间，对质感的表达就很有限。

二、不同质感的不同表达法

质感的表达不外乎形的硬与软、清晰与模糊，色的亮与暗，用线的粗与细，效果全凭对比得来。

1. 不同的颜色

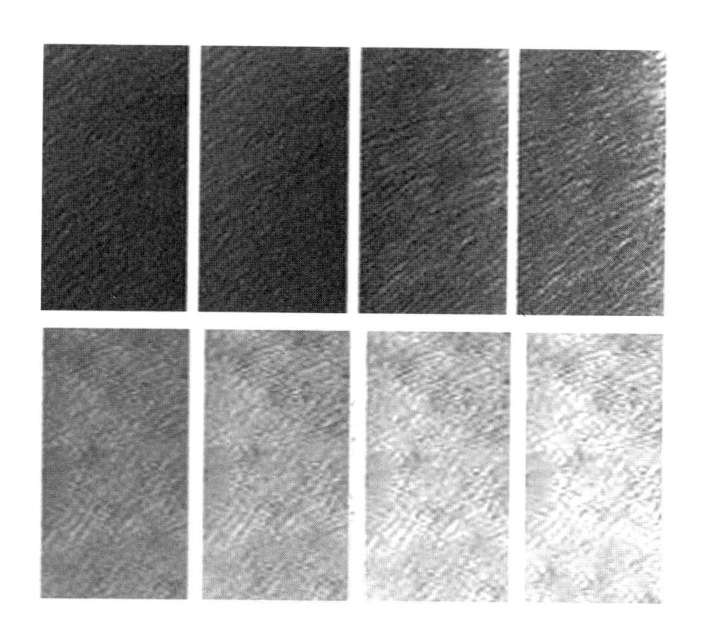

铅笔的软硬不同，可以做出深浅不同的颜色；铅笔反复加工的次数越多，用的力气越大，颜色越深。不同深浅的颜色对比使用，足够表现不同的效果。如图 3–2–2 所示。

图 3–2–2　颜色的明暗层次（铅笔）

2. 不同的笔触

用线的粗犷与细腻，对于质感的表现也很重要。如图 3–2–3 所示。

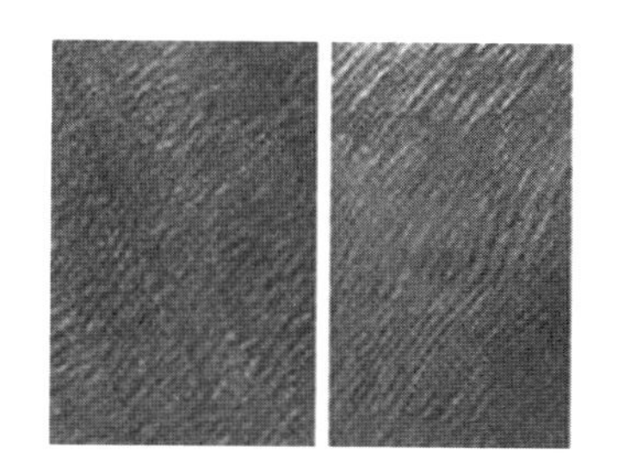

（a）较粗的笔触

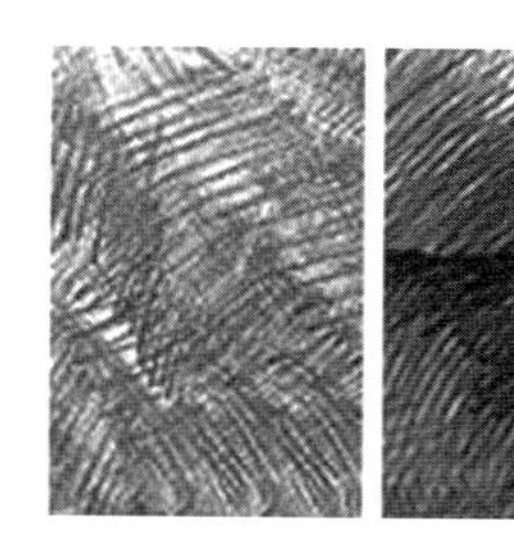

（b）粗犷的笔触

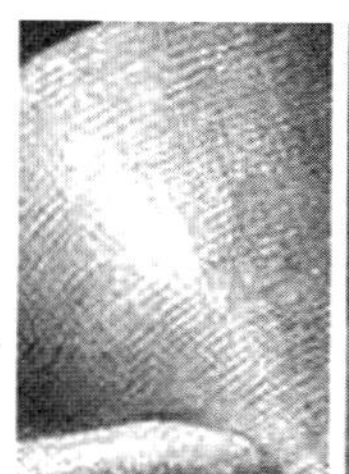

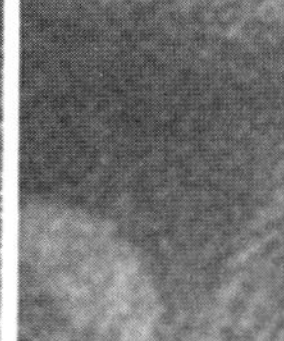

（c）细腻的笔触

图 3–2–3　不同的笔触

3. 图例分析

（1）光滑的感觉：釉罐、金属器皿，如图 3–2–4 ～图 3–2–7 所示。

釉罐质地光滑细腻，特点是颜色变化均匀、高光清晰、明亮，反光较强。深色的釉罐高光特别明显，暗部很暗。浅色的釉罐整体颜色都浅，暗部较亮，亮部和暗部的对比弱，所以经常需要背景的深色来衬托。

金属质地坚硬、光滑、高光明显，反光较亮；典型的特点是重色很重，亮色很亮。

图 3-2-4　釉罐表现（一）

图 3-2-5　釉罐表现（二）

图 3-2-6　金属表现（一）

图 3-2-7　金属表现（二）

(2) 粗糙的感觉：石材、砖块、泥土、陶罐，如图 3-2-8 ~图 3-2-11 所示。粗糙的质地高光不明显，反光很弱，明暗对比不很强烈、形状边缘不整齐。

图 3-2-8　砖块表现

图 3-2-9　陶罐表现

（3）坚硬的感觉：金属、木材，如图 3-2-10 ～图 3-2-12 所示。

坚硬的感觉来源于棱边的清晰度，常常用较强的对比和整齐的边线体现坚硬的感觉。

木块的棱边不及钢材直、尖锐，明暗的对比也较弱。

图 3-2-10　金属表现

图 3-2-11　木材实景

（4）柔软的感觉，如图 3-2-13、图 3-2-14 所示。

柔软的东西外形上变化随意、边线不会很整齐，相反边线常常较模糊，让人感觉到柔软。

枕头鼓起的边线清晰，但柔和的明暗交界线以及皱纹都说明了柔软度。面包的边线绝不会像石膏体那样整齐、硬朗。

图 3-2-12　坚硬物表现

图 3-2-13　面包表现

图 3-2-14　靠枕表现

(5) 透明的感觉：玻璃器皿、汽水瓶，如图 3–2–15 ~ 图 3–2–18 所示。

透明的程度来源于透过物体看见的物象的清晰度，清晰度越高，越透明。

深色环境里的玻璃器皿边缘是明显的亮色，在浅色环境里的玻璃器皿，边缘的颜色看见的是灰色和暗色。

玻璃与塑料瓶的区别在于折射的光不同，玻璃厚的地方折射的光更亮、更干脆，与暗色对比更强，比如瓶底。塑料瓶折射的光亮度有限、反光有限，透明度也有限。

图 3–2–15 玻璃杯表现

图 3–2–16 酒瓶与杯表现

图 3–2–17 塑料瓶表现

图 3–2–18 盛水玻璃杯表现

三、错误的质感表达实例分析

请用错误图例对照自己的错误，以便自觉修改。

1. 实例一（图 3–2–19）

问题：①罐子左右不对称；②高光位置不对，低了；高光形状不对，不属于釉面上的高光；③罐子亮部颜色与暗部一样了；④暗部画死了，没有反光，体感和质感都出不来。

2. 实例二（图 3-2-20）

问题：①造型——玻璃杯上的圆都不一致，而且不圆，底部的圆不符合透视情况；②高光——玻璃杯的高光不亮，玻璃上的反光也没有做出来；③玻璃杯与衬布融合了，看不见了，应擦出玻璃杯的边线；④玻璃杯后面的衬布应该是受光的。

图 3-2-19 实例一

图 3-2-20 实例二

3. 实例三（图 3-2-21）

问题：①明暗对比弱了，显得灰，质感也出不来；②高光不亮，不像金属的特点；③立面的投影与锅分离开了，留出的亮块干扰了锅的外形；④立面的投影颜色不应该那么一致，是有变化的，这样造成死板，空间也就出不来。

4. 实例四（图 3-2-22）

问题：①脐橙颜色太深暗，而且几乎没有反光，更像一只铅球；梨子色太重像土豆；②玻璃杯明和暗的对比弱了，还不够明亮、透明。

图 2-4-21 实例三

图 2-4-22 实例四

5. 实例五（图 3-2-23）

问题：①这种轻描淡写的方式说明不了任何问题，既没有质感可言，也没有立体的效果，形状也不清楚；②散开的构图使画面散乱，没有重点。

6. 实例六（图 3-2-24）

问题：①罐子粗糙的质地有了，但亮部的颜色简单，没有确定高光位置，罐子下半部不可能和上半部一样亮；罐子左边是亮部，边缘的颜色太暗；②罐子的明暗交界线与形体不符，鼓起的位置在上半部；③苹果烂了，分不出亮部、暗部，体积也不对；④衬布太虚无了，没有一处实在。

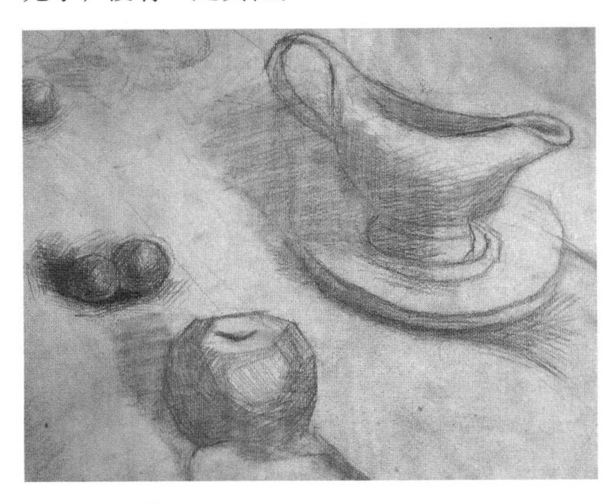

图 3-2-23 实例五

图 3-2-24 实例六

7. 实例七（图 3-2-25）

问题：①粗犷的画法一样可以画布纹，但这里的衬布显得不柔软，还感觉很强韧；②皱纹的投影很重要，否则说明不了互相间的位置关系。

8. 实例八（图 3-2-26）

问题：①这种只用暗色的处理方法对质感的表现没有好处，只觉得一团黑；②亮和暗两种极色的频繁穿插还容易造成花的感觉。

图 3-2-25 实例七

图 3-2-26 实例八

作业建议：

1. 分别作不同材质的素描单体练习，8 开纸，一张纸上画两个物体。
2. 组合训练质感的表现（临摹），训练材质时兼顾构图、透视、层次和虚实。

第三节 构图基础知识

【知识目标】学习构图基本原则，介绍常见的静物、风景的构图形式。

【能力目标】通过本节学习，使学生具备基本的构图能力。

【知识导向】构图知识需要长期积累，所以要多看作品、多分析、多研究，看得多了，构图能力自然就提高了。

【训练设计】本节只需要老师讲解，学生自己消化，训练放在临摹和写生过程中。

一、构图的定义

从广义上讲，构图是指形象或符号对空间占有的状况，包括一切立体和平面的造型，但绘画上讲的构图一般以平面为主。狭义上讲，构图是艺术家为了表现一定的思想、意境、情感，在一定的空间范围内，运用审美的原则安排和处理形象、符号的位置关系，使其组成有说服力的艺术整体。中国画论里称之为“经营位置”“章法”“布局”等，其中“布局”这个提法比较妥当。因为“构图”略含平面的意思，而“布局”的“局”则是泛指一定范围内的一个整体，“布”就是对这个整体的安排、布置。因此，构图必须要从整个局面出发，最终也是企求达到整个局面符合表达意图的协调统一。

图 3-3-1 画面中间放置高大主体物

二、构图的基本法则

我们光把几个形体组合在一起是不够的，既要考虑物体的大小、高低、长短、方圆、轮廓的变化，还要考虑物体的形状、线条、明暗色彩以及质感有无内在联系，使这一组物体互相搭配得当，这就要求我们应遵循对称与平衡法则进行绘画。构图法则是基本的画面组织形式，学习时不能受其束缚，应积极探索新颖、独特的构图形式。

1. 对称

对称是一种美的形态，绘画中的对称通常不是绝对形式上的对称，而是视觉上的一种平衡对称。左右对称的形式主要用于表现庄重严肃的题材。

我们一般避免将高大的主体物放在画面中间，很容易显得太对称，如图 3-3-1 所示。

过分的对称会觉得呆板，如图 3-3-2 所示。

图 3-3-2 过分对称

2. 平衡

平衡是画面的基本要求，是一种艺术审美观和视觉心理概念，即画面物象的大小、位置，色块的轻重、明暗、强弱，线条的动势、节奏等在视觉上的轻重量感要平衡。

如图 3–3–3 所示，罐子和水果主要集中在中偏左的位置，重心也就偏左，但散放的水果将视线引向右边，形成视觉上的平衡。

如图 3–3–4 所示，这张竖向构图主体在上部，但视线会随着水果向右下移动，让画面在实现的运动中达到平衡。

如图 3–3–5、图 3–3–6 所示，两图静物太小和太大都给人很不舒服的感觉，这是构图忌讳的。

如图 3–3–7 所示，这张构图无论从形状的大小还是颜色来看都很不平衡，但两个苹果形成斜向的牵引，使视觉重心向左下移动，形成视觉和心理上的平衡。

图 3–3–3　画面平衡（一）

图 3–3–4　画面平衡（二）

图 3–3–5　静物太小

图 3–3–6　静物太大

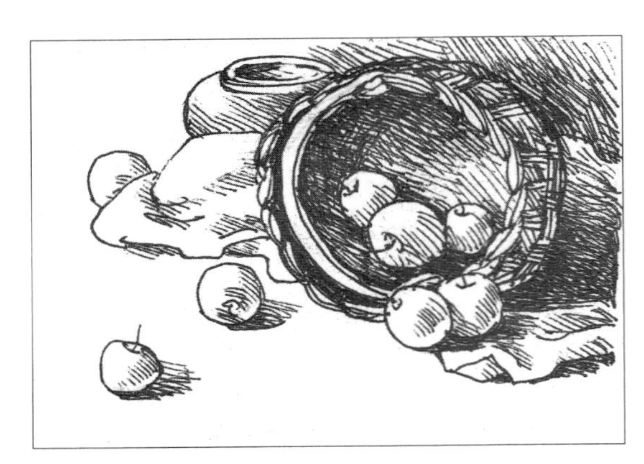

图 3–3–7　画面平衡（三）

三、静物构图的基本形式

1. 三角形构图

三角形构图给人稳定、坚固的感觉，分为正三角、斜三角、直三角，如图 3–3–8 所示是斜三角。

2. 倒三角形构图

倒三角构图给人活泼的感觉，有时候故意做得不够平衡，从而给人以动感，如图 3–3–9 所示。

图 3–3–8　三角形构图

图 3–3–9　倒三角形构图

3. S 形构图

柔软的衬布将散放的静物串联起来形成流动的 S 形构图，增加了画面的动感，形式活泼，如图 3–3–10 所示。

图 3–3–10　S 形构图

图 3–3–11　框形构图

4. 框形构图

框形构图是将物体放置在一个框形之中，为了避免呆板必须用静物“破”边框，如图 3–3–11 所示。

5. 圈式构图

整体上只要有明显的圆圈形状都可以归纳到圈式构图中，它分为完整圈形、不完整圈形，如图 3–3–12 所示，是完整圈形。单纯的圆圈会感觉简单，故意让静物压在圈上“破”了边线。

6. 散状构图

散状构图指的是东西放置比较散乱、没有重点。如图 3–3–13 所示的静物是散放法，但是衬布的形状将静物连接到一起，形成一个整体，使之“不散”。

用散状构图要特别注意，画面不能太乱了。

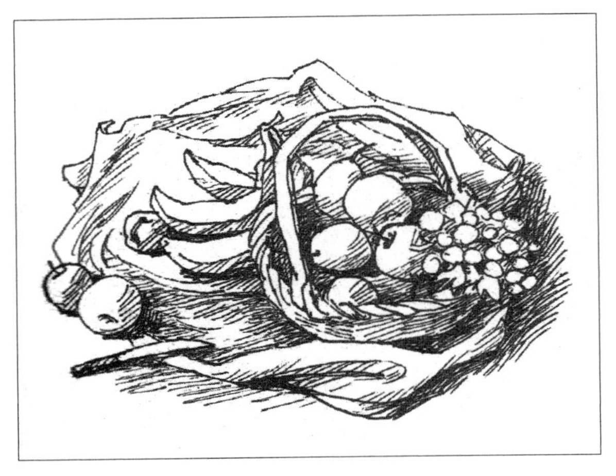

图 3-3-12　圈式构图

图 3-3-13　散状构图

7. 不平衡构图

如图 3-3-14 所示所有的东西都集中在右边，明显给人左轻右重的感觉，很不舒服。调整方法是将边框向右下移动，如图 3-3-15 所示；或再将静物稍作调整，如图 3-3-16 所示。

图 3-3-14　画面左轻右重

图 3-3-15　调整方法（一）

图 3-3-16　调整方法（二）

8. 倾斜式构图

倾斜构图指的是构图中出现了明显的倾斜线或静物的摆放形成了画面倾斜，如图 3-3-17 所示是一种不平衡的构图方式，所以会调整斜线的位置或增加其他物件来减弱不平衡。不平衡的构图方式运用得恰当会使画面充满动感。

图 3-3-17　倾斜式构图

四、风景构图的基本形式

1. 满式构图

满式构图多用于画山峦、建筑等，给人高大、壮观的感觉。满构图忌讳太满，需要在关键的地方留出透气的空白，如图 3-3-18 所示。

图 3-3-18　满式构图（唐太智，钢笔）

2. 十字形构图

十字形构图稳固、踏实，为了避免呆板一般不会将十字放在画面中间，会放在偏左或偏右的位置，如图 3-3-19 所示。

十字构图还包括双十字、多十字等形式，相比之下，多十字构图更加灵活、丰富，如图 3-3-20 所示。

图 3-3-19　十字形构图

图 3-3-20　双十字构图

3. 三角形构图

三角形构图可以是正三角、直角三角，也可以是斜三角。其中斜三角形较为常用，也较为灵活。三角形构图具有稳定、均衡等特点，如图 3-3-21、图 3-3-22 所示。

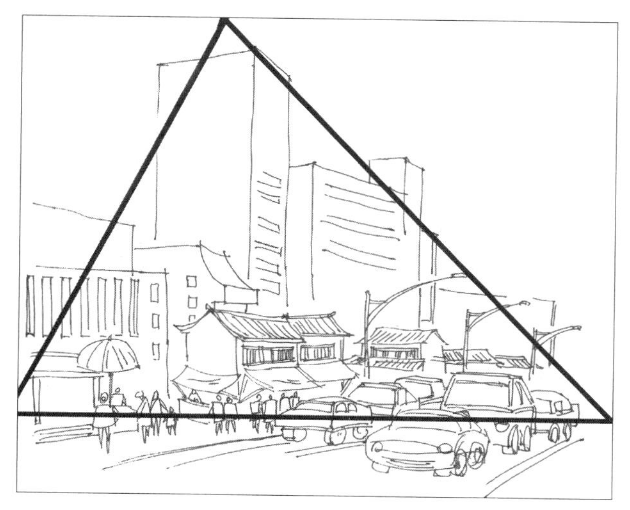

图 3-3-21　三角形构图（一）

图 3-3-22　三角形构图（二）

4. S 形构图

S 形构图也是最常用的一种构图方式，能够使所要表达对象的优美感得到了充分的发挥。S 形构图既可以表现山川、河流、地域等自然的起伏变化，也可表现众多的人体、动物、物体的曲线排列变化以及各种自然、人工所形成的形态，如图 3–3–23 所示。

图 3–3–23　S 形构图（一）

图 3–3–24　S 形构图（唐太智，钢笔）

如图 3–3–24 所示，巧妙地运用上山石梯的自然形状，加上民居建筑，棕榈树共同构成一幅 S 形的构图，画面生动而自然，富有韵律。

5. C 形构图

这幅速写充分利用树木伸出的枝条和地面的道路形成一个 C 形的构图，让富有特点的家族处于画面的中心，如图 3–3–25 所示。

6. 放射状构图

放射状构图充分利用了透视线，具有很强的空间感和层次感，如图 3–3–26 所示。

图 3–3–25　C 形构图（唐太智，钢笔）

图 3–3–26　放射状构图

7. 横线构图

利用横线构图能在画面中产生宁静、广阔等效果，但单一横线容易简单分割画面，因此常常增加远山和云彩使之丰富，如图 3–3–27 所示。

8. 斜式构图

斜式构图有一种从上往下的压力，所以需要有竖向的线来“破”，使之趋于平衡，如图 3−3−28 所示。

图 3-3-27　横线构图

图 3-3-28　斜式构图

9. 独立式构图

独立式构图一般是针对景物特写，所以画面主体高大、完整，非常突出。

为了避免单调，经常会加上横向或斜向的地平线、矮树丛等景物作调整，如图 3−3−29 所示。

10. 竖线构图

单纯使用竖线构图一样会使画面单调，所以横向或斜向的连接是必不可少的。竖线构图可以体现出肃穆、庄严、坚强、有力等感觉，如图 3−3−30 所示。

以上介绍的是常见的构图，实际运用时应该根据具体情况来组织画面。构图是画面的基础，构图成功则画面已经成功了一半，可见构图多么重要。只要认真动脑筋，就可以做出新颖的构图。

图 3-3-29　独立式构图（唐太智，钢笔）

图 3-3-30　竖线构图（唐太智，钢笔）

上介绍的是典型的、基础的构图规律，实际上构图千变万化，都是在这些基本形式上演变来的，多看一些不同的构图并做分析，就会吸收很多。

第四节 静物光影素描训练

【知识目标】通过对静物光影素描表现方法的分析和训练，让学生把握好光影素描的黑、白、灰关系，进一步表现好物体的质感、空间感。

【能力目标】通过对静物素描的训练，提高学生的造型、虚实、空间等能力。

【知识导向】光影素描需要多看、多想、多临摹、多写生。

【训练设计】画好光影素描，需要反复分析、理解，多思考、多练习。

一、立体的表达法

（一）立体表达的概念

立体表达就是通过透视、结构、明暗、叙事的表达在二维的平面上创造出立体的视觉感受，使人感受到三维空间的特点。

画面立体表达的方法有：线描法、透视结构法、线面结合法、光影明暗法。其中光影明暗法对于表现物象的立体感觉最为细致、生动。

（二）明暗的基本概念

用明暗法表现的素描也称为光影素描，就是利用颜色的深浅、强弱的变化，画出对象的明暗变化来表现物象的立体感。不同光线下物体的明暗变化是不同的，不同环境对物体的反光影响也有差别，需要具体分析物象的明暗变化，如图 3-4-1 所示。

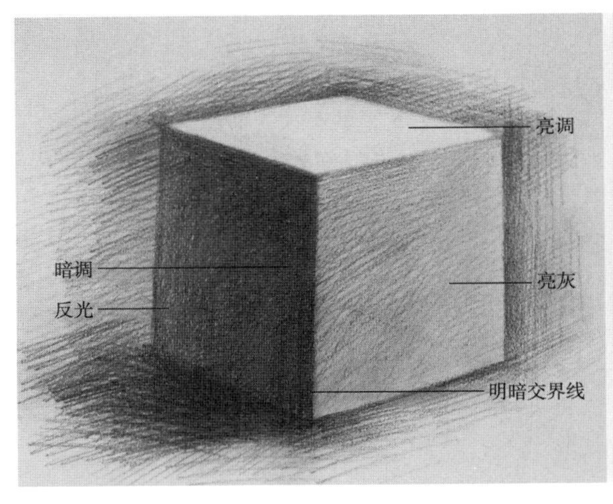

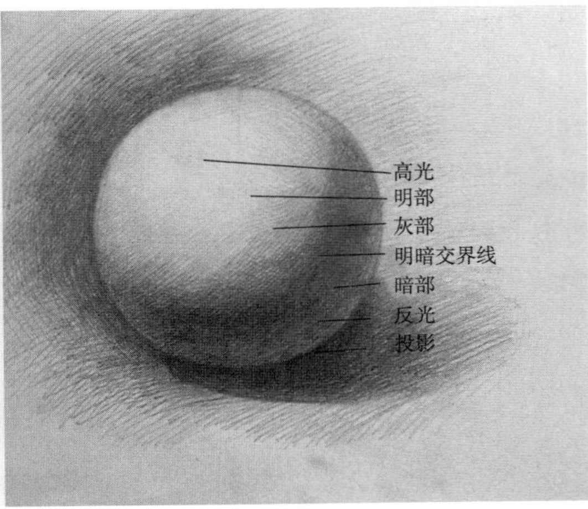

图 3-4-1 明暗五大调范图（杨平）

受光面：能照到光线的部分都叫受光面，包括正受光、侧受光、高光。

背光面：没有照射到光线的部分都叫背光部，包括明暗交界线、反光。

明暗交界线：指的是受光、背光的分界线，在方体上是整齐的分界，在球体上有过渡色。

高光：正受光的地方面一般会有个最亮点，这是物体最亮的部位。

反光：是环境对物体的影响，反光强弱与自身的固有色、质感以及环境有关系。

投影：投影是物体的遮挡在环境中留下的暗色影子，可以体现物体与环境的关系。

（三）线面结合法

线面结合法案例一如图 3-4-2 ～图 3-4-6 所示，案例二如图 3-4-7 ～图 3-4-11 所示。

图 3-4-2　实物照片

图 3-4-3　步骤一

图 3-4-4　步骤二

图 3-4-5　步骤三

图 3-4-6　线面结合素描完成图（杨平）

图 3-4-7　步骤一

图 3-4-8　步骤二

图 3-4-9　步骤三

图 3-4-10　步骤四

图 3-4-11　线面结合素描完成图（杨平）

（1）构图、取形。构图到定形都需要仔细观察，反复修改。

（2）充分分析结构，矫正形状。校正形之后开始分析受光和背光面，从明暗交界线开始加颜色；做出投影的范围。

（3）找出明暗范围。强调明暗交界线，加强敏感的对比，适当做出过渡灰色。

这种介于结构画法和光影画法之间的线面结合画法，可以充分分析物体的结构和立体的关系，对于初学和造型设计特别适合。

（四）明暗的画法

1. 立方形体的画法

立方形体的画法如图 3-4-12 ～图 3-4-15 所示。

（1）起稿、落幅，用切线把对象轮廓画准确，用笔轻一些。

（2）找出明暗交界线，把亮部和暗部分开，画出大体明暗。

（3）加深暗部，拉开色调之间的距离。

（4）强调明暗交界线，反光不能太亮。

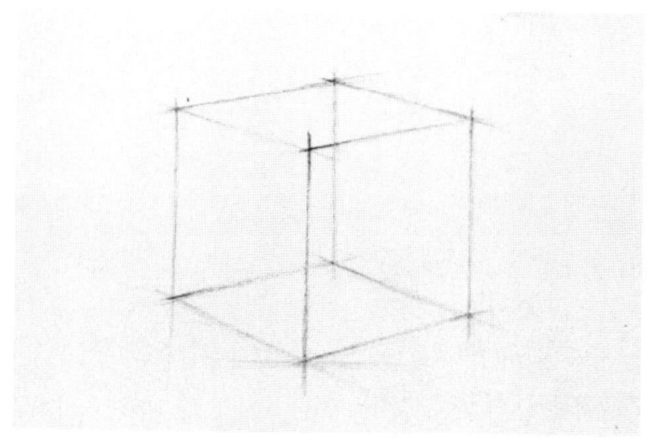

图 3-4-12　步骤一

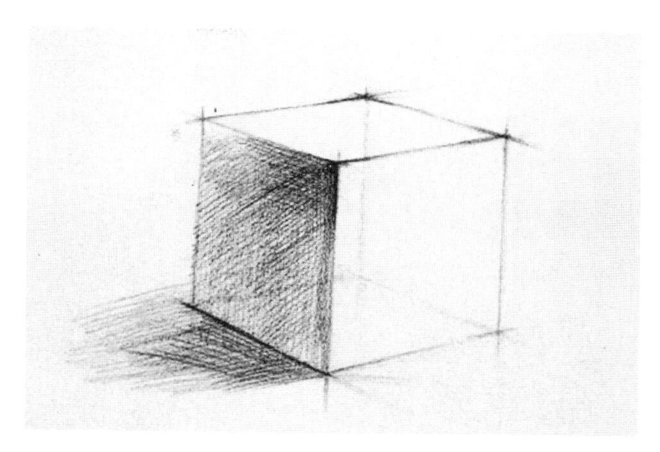

图 3-4-13　步骤二

图 3-4-14　步骤三

图 3-4-15　步骤四

2. 圆球体的画法

圆的画法如图 3-4-16 所示。我们可以借助正方形的帮助加线段找出圆的形状，这种方法叫“切”。

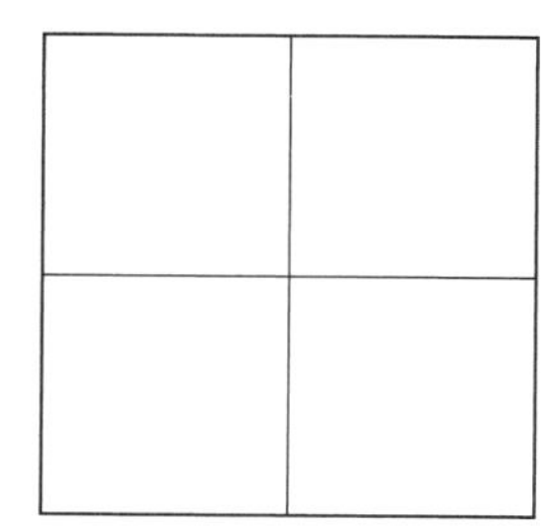
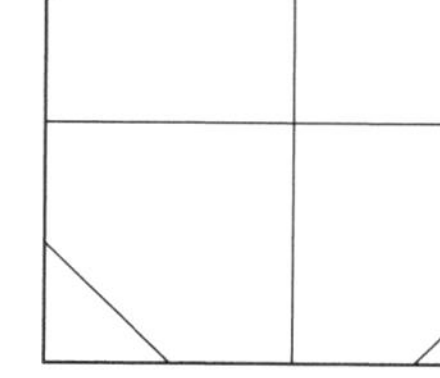
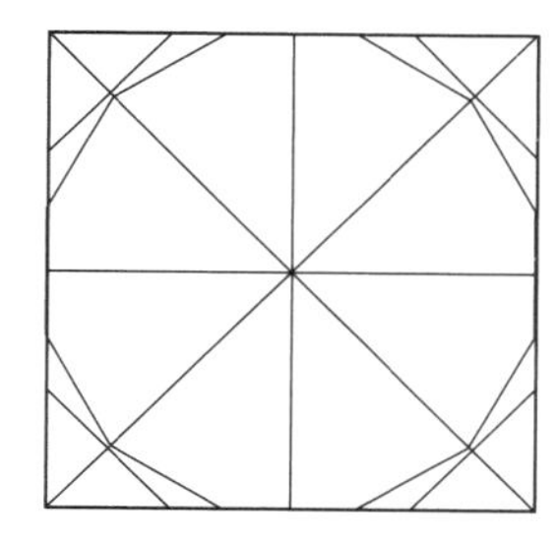
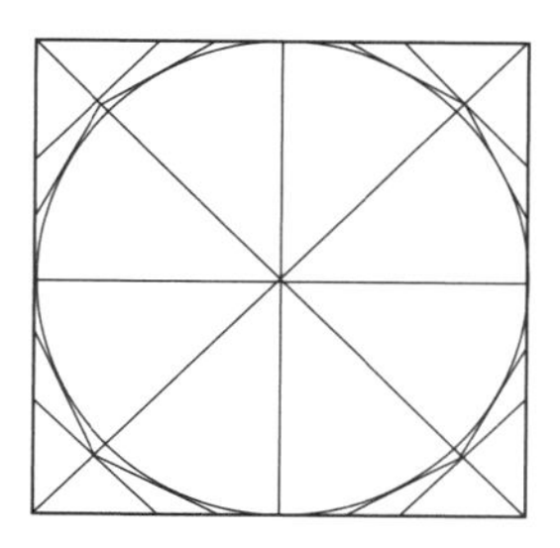

图 3-4-16　圆的画法

（1）用直线切出圆球体的形，如图 3-4-17 所示。

（2）找准明暗交界线，画出大体明暗及反光，如图 3-4-18 所示。

（3）做出过渡色，排线均匀，层层扩展区域，使之产生细腻均匀的渐变效果，如图 3-4-19 所示。

（4）进一步加深明暗交界线，继续做出过渡色，将球体做圆，如图 3-4-20 所示。

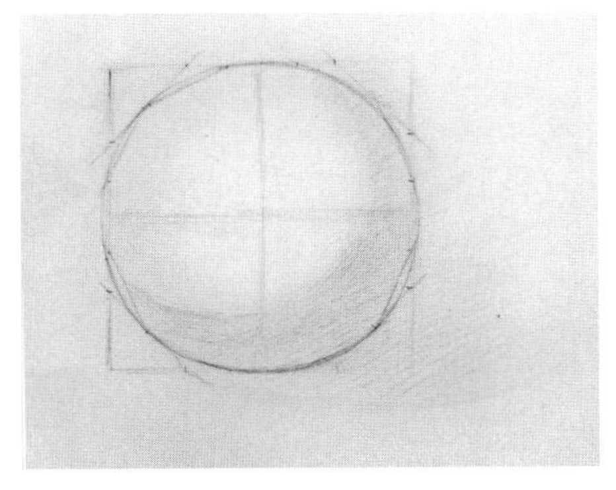
图 3-4-17　步骤一

图 3-4-18　步骤二

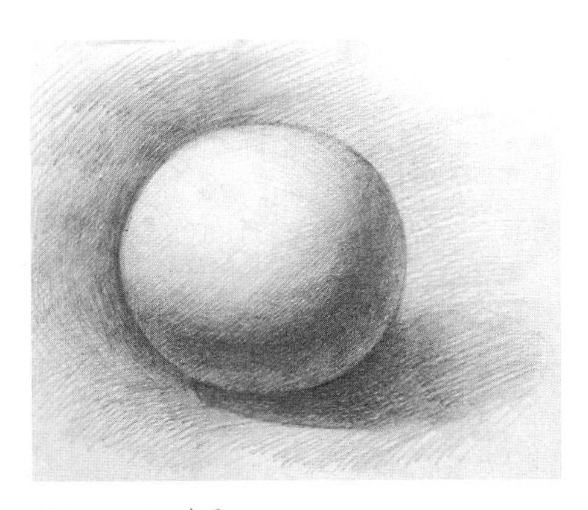
图 3-4-19　步骤三

图 3-4-20　步骤四

3. 圆柱体的画法

圆柱体的画法如图 3-4-21 ～图 3-4-24 所示。

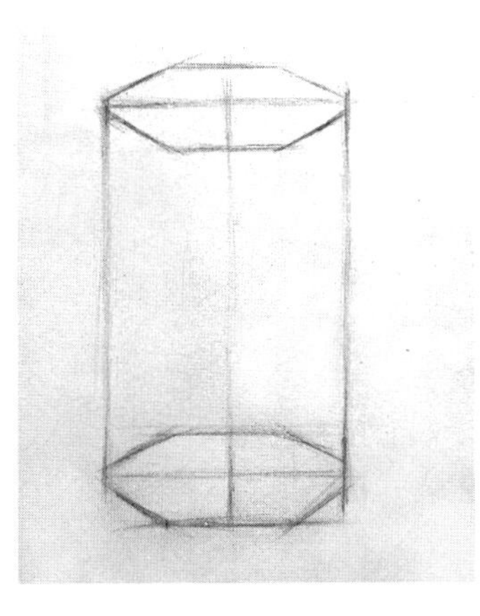
图 3-4-21　步骤一

图 3-4-22　步骤二

图 3-4-23　步骤三

图 3-4-24　步骤四

（1）用直线画出圆柱体的宽高比例，并用切线法画出顶端和底面的圆面。

（2）找准明暗交界线的位置，画出大体明暗。

（3）画出不同色阶的灰色调。

（4）注意圆柱体上柔和的灰色明暗变化。

圆柱体的表面为曲面，所以其明暗交界线是一个比较宽的区域，明暗交界线以渐变形态向暗面和亮面逐步扩散，其色调变化又呈明显的直条状。

4. 几何体组合的明暗表现

几何体组合的明暗表现如图 3–4–25 ～图 3–4–28 所示。

图 3–4–25　步骤一

图 3–4–26　步骤二

图 3–4–27　步骤三

图 3–4–28　步骤四

（1）仔细观察，取形。注意比例、前后位置等。

（2）找出明暗交界线，做出大概的明暗。

（3）从明暗交界线开始上色，交代主要的明暗关系，加深暗部。

（4）继续强调明暗交界线，做好过渡，拉开画面的黑白灰层次。

通过深入刻画背景来增强画面的空间感。调整各部分明暗对比关系，使其更自然、协调，如图 3–4–29 所示。

图 3–4–29　光影素描完成图（杨平）

作业建议：

1. 临摹几何体。
2. 临摹几何体组合。
3. 写生训练。

二、静物组合训练

相比较单个静物素描来说，组合静物素描的要求更高，首先构图决定了一张画的成败，其次空间感决定了表达上是否正确、客观，主次处理上决定了画面的中心和主题。

（一）静物组合训练的要求

（1）构图美观。
（2）造型、比例准确。
（3）空间合理。
（4）主次分明。
（5）质感表现恰当。
（6）完整统一。

（二）静物组合训练的方法

通过明暗颜色的强弱对比得出形、体、空间、节奏，如图 3-4-30 ～图 3-4-33 所示。

图 3-4-30 静物素描（郑灵燕）

图 3-4-31　对比强，形清晰

图 3-4-32　对比弱，形模糊

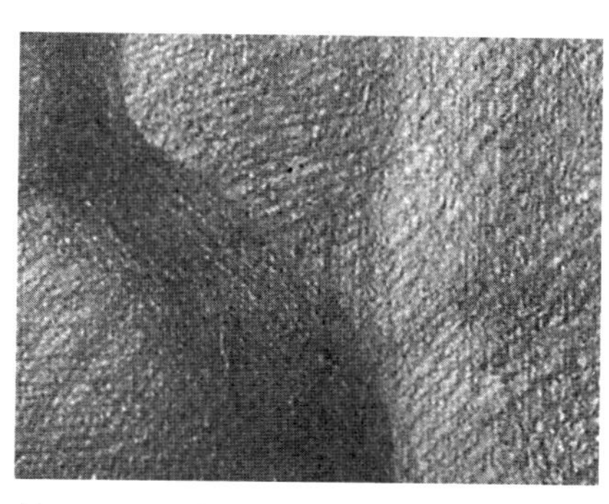
图 3-4-33　背光的边缘虚化

（1）颜色对比强——效果强，清晰。

（2）颜色对比弱——效果弱，虚。

（3）对比的交界线整齐——物象清晰。

（4）对比的交界线模糊——物相虚。

对比的强弱、边线的整齐度要根据主次需要、前后关系来定。

（三）静物写生训练一

（1）实物细节丰富，需要作主观舍取。构图可以根据实物作调整。如图 3-4-34 所示。

（2）用概括的线条画出物体的大体位置和形状，要求形状、比例、结构、透视关系准确。如图 3-4-35 所示。

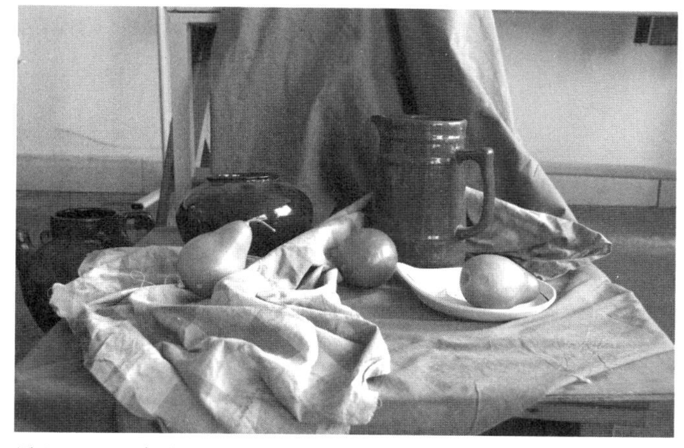
图 3-3-34　步骤一

图 3-4-35　步骤二

（3）画出大概的明暗层次，并矫正形。如图 3-4-36 所示。

（4）明暗的细致分析：从整体到局部，注意区分固有色逐步深入塑造物象的体积感。如图 3-4-37 所示。

（5）深入刻画，调整画面效果：注意质感的体现，区分主次，全面调整色调、空间。如图 3-4-38 所示。

（四）静物写生训练二

（1）全方位整体地观察静物后确定构图，用长直线找出砖块之间的比例、形体和透视关系，注意砖块错落摆放构成的组合外形。如图 3-4-39 所示。

图 3-4-36 步骤三

图 3-4-37 步骤四

图 3-4-38 静物写生完成图（杨平）

（2）用明暗色调概括地画出受光、背光两大系统，强调明暗交界线和投影，同时注意砖块前后位置的空间和虚实关系的体现。如图 3-4-40 所示。

（3）深入刻画，注意砖块和衬布质感的软硬体现及固有色的明暗对比，强化对砖块的破损和裂缝等自然痕迹的审美趣味，利用砖块暗部的反光和投影来表现体块感。如图 3-4-41 所示。

（4）局部塑造后，整体调整画面自上而下的明暗节奏，强化砖块和白布之间的明暗对比，注意体现空间的虚实变化。如图 3-4-42 所示。

图 3-4-39　步骤一

图 3-4-40　步骤二

图 3-4-41　步骤三

图 3-4-42　静物写生完成图（卿笑天）

（五）静物写生训练三

素描是一个循序渐进的过程，不是一下子就能达到目的。

从明暗交界线入手逐步增加暗色，并处理好暗色与两色之间的过渡；投影很重要，但要注意物体暗部边缘要虚。如图 3-4-43 ~图 3-4-47 所示。

图 3-4-43　步骤一

图 3-4-44　步骤二

图 3-4-45　步骤三

图 3-4-46　步骤四

图 3-4-47　静物写生完成图（郑灵燕）

三、复杂静物组合训练

（一）静物写生训练四

（1）构图、取形：确定各个物体之间的位置比例关系。如图 3–4–48 所示。

（2）上色调：找出明暗交界线，铺大色调，区分暗部和亮部区域。如图 3–4–49 所示。

图 3–4–48　步骤一

图 3–4–49　步骤二

图 3–4–50　步骤三

图 3–4–51　步骤四

图 3–4–52　静物写生完成图（杨平）

（3）画面的背景是衬托主体并渲染空间气氛的，要服从主体的需要。注意物体的暗部有反光。如图 3–4–50、图 3–4–51 所示。

（4）整体调整：注意主次的关系，强调主体，使画面效果响亮、节奏明快。如图 3–4–52 所示。

（二）静物写生训练五

复杂静物组合训练步骤如图 3-4-53 ～图 3-4-57 所示。

图 3-4-53　步骤一

图 3-4-54　步骤二

图 3-4-55　步骤三

图 3-4-56　步骤四

图 3-4-57　静物写生完成图（郑灵燕）

四、静物光影素描的实例分析（学生作业）

1. 实例一（图 3-4-58）

问题：画面显“脏”，衬布感觉油腻腻的；滥用橡皮擦、手指擦揉，造成画面含混。

修改方法：衬布的作用衬托物体，需要与物体拉开距离。背景颜色显脏，可以重画。

2. 实例二（图 3-4-59）

问题：画面“乱”，没有层次、没有空间，都平均对待；暗部颜色过重，灰色层次几乎没有。

修改方法：需要大改动，重新比较颜色，设置视觉中心，做出质感区别和空间层次来。

图 3-4-58　实例一

图 3-4-59　实例二

3. 实例三（图 3-4-60）

问题：背景太亮，很突然；物体造型边太硬，也就是虚实没有处理好。

修改方法：将背景适当做灰，做出空间来；调整暗部反光，减弱暗部边缘的对比；远处的水果颜色做暗些。

4. 实例四（图 3-4-61）

问题：壶的暗色与周围的暗色雷同了，所以造成衬布与壶粘连，没有了空间。

修改方法：减弱浅色衬布背光处的颜色，衬托出深色的壶。

图 3-4-60　实例三

图 3-4-61　实例四

5. 实例五（图 3-4-62）

问题：有点灰，主体不突出；背光颜色与环境颜色混淆了。

修改方法：着重处理里面的衬布，避免一块亮、一块暗；主体的投影与暗部颜色要有区分，不能含混；电线太不清晰，有点乱了。

6. 实例六（图 3-4-63）

问题：物体模糊、没有画出硬度；奶瓶的明暗分析是错误的；果子没有画出立体感来；桌布缺乏虚实关系；整个暗色没有层次。

修改方法：重新比较暗色的区别；高光要清晰响亮；明暗交界线要清楚；桌布远处要虚。

图 3-4-62　实例五

图 3-4-63　实例六

图 3-4-64　实例七

7. 实例七（图 3-4-64）

问题：造型尚好，但里面的衬布太亮，感觉与罐子粘在一起了，空间没有出来；果子的立体不够。

修改方法：立立面处理暗些，投影加重，做出空透感来；物体的刻画要强调明暗交界线。

8. 实例八（图 3-4-65）

问题：画面太暗了，与物体粘连了。

修改方法：衬布允许暗，但物体的投影与背光颜色要做出区分；衬布背光处不会是一样的深暗，做出反光来。

9. 实例九（图 3-4-66）

问题：画面“灰”；水果太暗，成铅球了。

修改方法：归纳灰色，暗部加重。将主体突出出来；水果是浅色，需要擦掉重画；框的受光部做浅，与暗部拉开距离；蒜的暗部反光太强了；花可以再亮一个层次。

图 3-4-65　实例八

图 3-4-66　实例九

第五节　室内光影素描训练

【知识目标】训练学生的造型能力，学会室内家具的画法。

【能力目标】要求学生掌握正确的观察方法提高造型能力和空间思维能力。

【知识导向】严格透视、构图的要求，让学生学会对空间的思考和想象。

【训练设计】从单体的家具入手逐渐过渡到室内空间的表现。

室内素描是一个完整空间的表现，包含很多具体的物件，必须反映透视、结构、形体、比例、明暗、空间关系等。我们先从各种家具的绘制开始学习。

一、沙发、桌、椅的画法

（一）沙发

（1）沙发就由这两个长方体构成。注意每个长方体所占据的空间大小比例以及透视变化，如图 3–5–1 所示。

（2）上色要注意主次关系，虚实关系，从明暗交界线慢慢向亮部和暗部过渡，如图 3–5–2 所示。

图 3–5–1 步骤一

图 3–5–2 步骤二

（3）进一步画出明暗的变化，体积越来越清晰、细节越来越丰富、准确，如图 3–5–3 所示。

（4）深入刻画，注意每个局部之间的主次、虚实关系，局部和整体之间的协调关系。花纹是最后画的，如图 3–5–4 所示。

图 3–5–3 步骤三

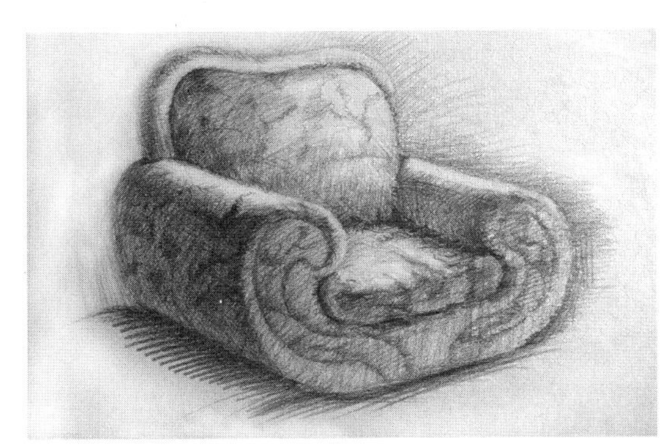
图 3–5–4 沙发完成图（王蕤，铅笔）

（二）桌子

（1）桌子棱角分明，轮廓清楚，结构相对比较简单，体积容易表现。起形时注意比例、透视，如图 3–5–5 所示。

（2）铺大色调时分清黑白灰的层次，这里的暗色面积小，仍需要加强明暗交界线，暗部不能一下就画太黑、要逐步加暗，如图 3–5–6 所示。

图 3–5–5 步骤一

图 3–5–6 步骤二

（3）从明暗交界线开始刻画，反光不能太亮，注意暗部的远处越来越虚，如图 3–5–7 所示。

（4）最后调整时加上把手等小东西，刻画时小的细节要弱化，注意大的体块关系，如图 3–5–8 所示。

图 3-5-7 步骤三

图 3-5-8 书桌完成图（王蕤，铅笔）

（三）椅子

（1）椅子是长方体的组合，注意长方体之间的穿插、连接的关系和各部位的比例，透视要一致，如图 3–5–9 所示。

（2）画出完整形状，按明暗交界线分出受光、背光，如图 3–5–10 所示。

图 3-5-9 步骤一

图 3-5-10 步骤二

（3）从明暗交界线入手画暗部，不能太黑，注意暗部的虚实，边缘线的弱化，如图 3–5–11 所示。

（4）最后调整整体的明暗关系，使效果明朗，如图 3–5–12 所示。

图 3-5-11 步骤三

图 3-5-12 木凳完成图（王蕤，铅笔）

二、床、被、窗帘的画法

（一）床

（1）注意各部位的比例。用长直线来确定大形，如图 3-5-13 所示。

（2）分出明暗两大部分，注意虚实关系，前后关系，如图 3-5-14 所示。

图 3-5-13　步骤一

图 3-5-14　步骤二

（3）细节刻画时先从明暗交界线入手，暗部要统一，注意床垫和床的材质对比，如图 3-5-15 所示。

（4）颜色增加的同时细节也增加了，注意虚实关系，如图 3-5-16 所示。

图 3-5-15　步骤三

图 3-5-16　床完成图（王蕤，铅笔）

（二）窗帘

（1）先从大的形体入手，抓主要的结构线，可以先忽略小的褶皱，找准明暗交界线的位置，如图 3-5-17 所示。

（2）对于布纹褶皱要整体地观察，强调主要的褶皱。注意：每个褶皱都有高光、亮部、明暗交界线、暗部、反光（投影），如图 3-5-18 所示。

（3）明暗交界线有强弱的变化，光线直射的部位明暗交界线要强化，暗部的明暗交界线和结构可以弱化，反光要透明，不能太黑，如图 3-5-19 所示。

（4）最后调整时可以在明暗对比强烈的地方加一些小的细节来体现窗帘柔软的质感，转折处线条要柔和，如图 3-5-20 所示。

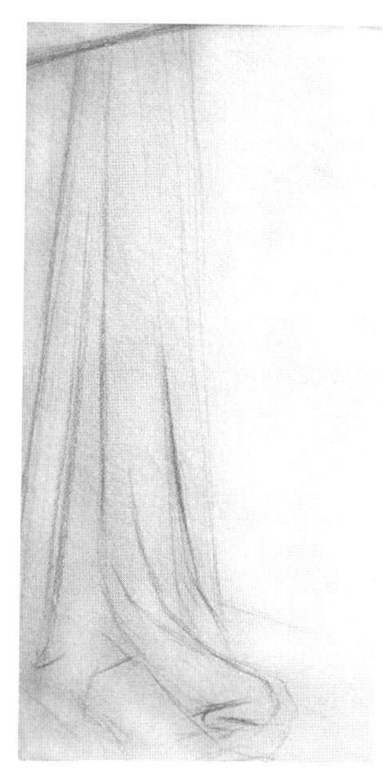

图 3-5-17　步骤一

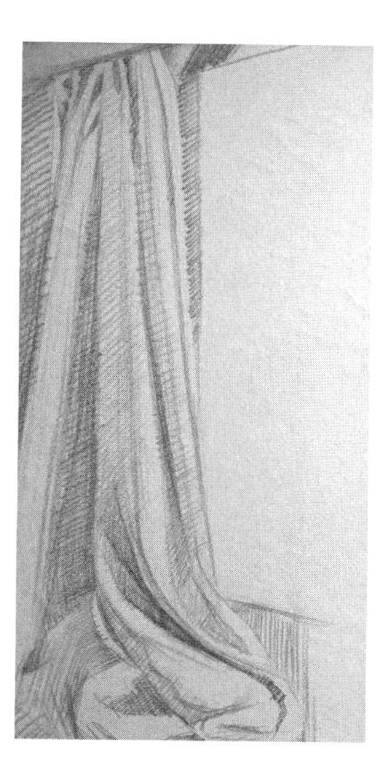

图 3-5-18　步骤二

图 3-5-19　步骤三

图 3-5-20　窗帘完成图（王蕤，铅笔）

（三）被子

（1）用长直线勾大形，画大的转折，明暗交界线强烈的地方，如图 3-2-21 所示。

（2）铺大色调，分出明暗两大部分，明暗交界线处略重些，注意虚实关系，如图 3-5-22 所示。

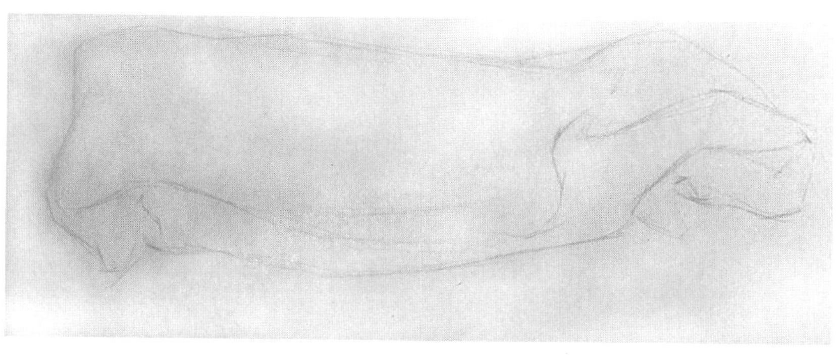

图 3-5-21　步骤一

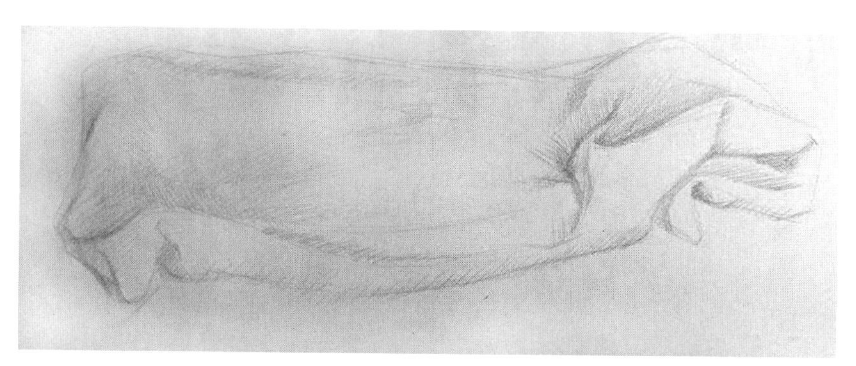

图 3-5-22　步骤二

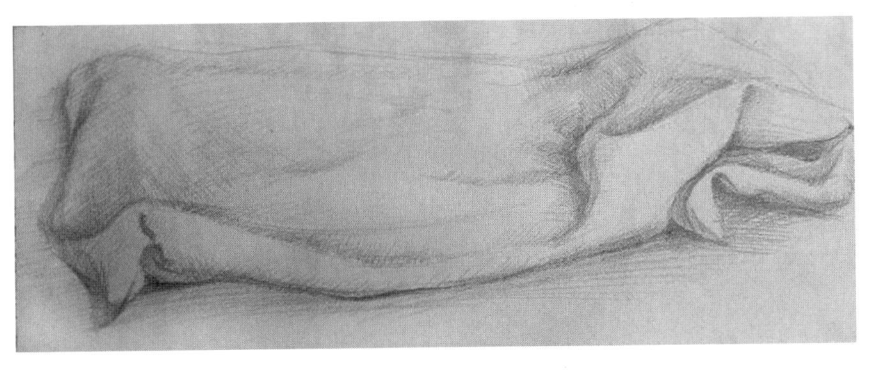

图 3-5-23　步骤三

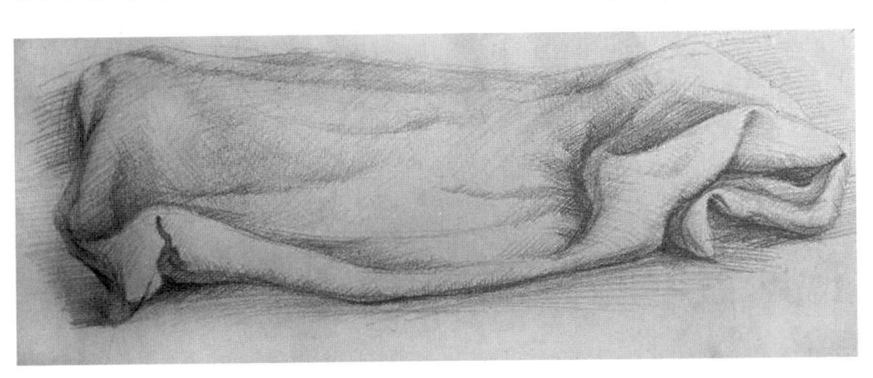

图 3-5-24　棉被完成图（王蕤，铅笔）

（3）加强明暗交界线、投影，使灰面的层次丰富起来，如图 3-5-23 所示。

（4）调整画面的虚实关系，注意投影的形状，转折处要过渡柔和，如图 3-5-24 所示。

三、柜子的画法

（1）从整体入手，先观察它的主要形状然后再分解，基本都是方体的组合，如图 3-5-25 所示。

（2）在铺大色块时可以画出长方体上的一些结构的变化，但是不能过分强调，如图 3-5-26 所示。

图 3-5-25　步骤一

图 3-5-26　步骤二

（3）从明暗交界线往亮部和暗部过渡，抽屉可以画出来，注意和整体的透视关系要吻合，如图 3-5-27 所示。

（4）最后在调整时把柜子上的抽屉等结构需要强化的地方加强，靠近光源的地方就要强调，暗部的就要弱化，如图 3-5-28 所示。

图 3-5-27　步骤三

图 3-5-28　柜子完成图（王蕤，铅笔）

四、电视机、冰箱、灯的画法

（一）电视机

（1）方体的组合，认真分析结构穿插，起形时明暗交界线处略重，如图 3-5-29 所示。

（2）铺大色调，反光一开始就统一在暗部里，分清黑、白、灰三个层次，如图 3-5-30 所示。

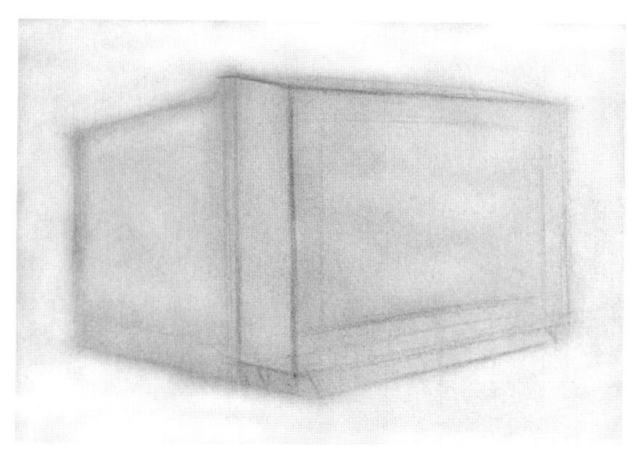
图 3-5-29　步骤一

图 3-5-30　步骤二

（3）从明暗交界线处往亮部暗部过渡，暗部不能太黑，注意反光，如图 3-5-31 所示。

（4）在大的基础上丰富灰色调，找出画面上最黑的和最亮的部分，增加小细节，如图 3-5-32 所示。

图 3-5-31　步骤三

图 3-5-32　电视机完成图（王蕤，铅笔）

(二) 电冰箱

(1) 冰箱的外形是个长方形，用长直线勾大形，如图 3-5-33 所示。

(2) 分出明暗两大部分，明暗交界线处略重，如图 3-5-34 所示。

(3) 加强明暗交界线及暗色，如图 3-5-35 所示。

(4) 调整画面，冰箱颜色浅需要靠投影衬托，如图 3-5-36 所示。

图 3-5-33 步骤一

图 3-5-34 步骤二

图 3-5-35 步骤三

图 3-5-36 冰箱完成图（王蕤，铅笔）

(三) 灯具

(1) 用长直线勾大形，明暗交界线略重，如图 3-5-37 所示。

(2) 从明暗交界线上色，注意虚实关系、前后关系，如图 3-5-38 所示。

(3) 深入刻画时还是先从明暗交界线入手，暗部要统一，如图 3-5-39 所示。

(4) 随着画面的深入，明暗关系更加清晰，注意画面边缘线的虚实对比，如图 3-5-40 所示。

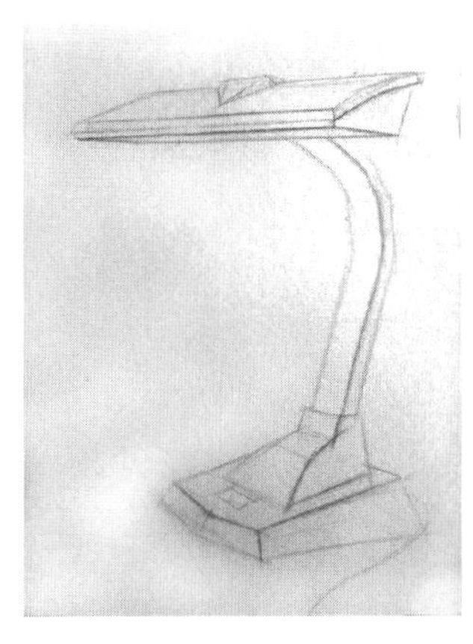

图 3-5-37 步骤一

图 3-5-38 步骤二

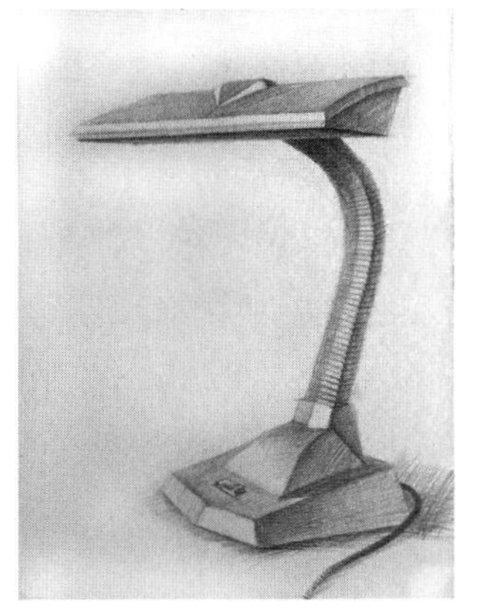

图 3-5-39 步骤三

图 3-5-40 灯具完成图（王蕤，铅笔）

五、完整房间的表现

以客厅为例。

(1) 画室内空间需要选择角度，还要确定视平线的高度，以适合画面表现的需要。透视很关键，必须准确，如图 3-5-41 所示。

（2）因为室内光线比较复杂，所以要确定一个主光源，以此分出大的明暗和空间关系，如图 3-5-42 所示。

图 3-5-41　步骤一

图 3-5-42　步骤二

（3）画面的丰富主要靠灰色调的变化，逐一刻画物体的细节，拉开画面的黑、白、灰对比。注意近实远虚的关系，如图 3-5-43 所示。

（4）调整画面，处于画面前方的物体对比加强，远处的物体弱化。注意坚硬、柔软材质的对比和处理方式，如图 3-5-44 所示。

图 3-5-43　步骤三

图 3-5-44　客厅完成图（王蕤，铅笔）

图 3-5-45、图 3-5-46 展示了两幅优秀室内表现作品。

图 3-5-45　Bertram Grosvenor Goodhue 作品（铅笔）

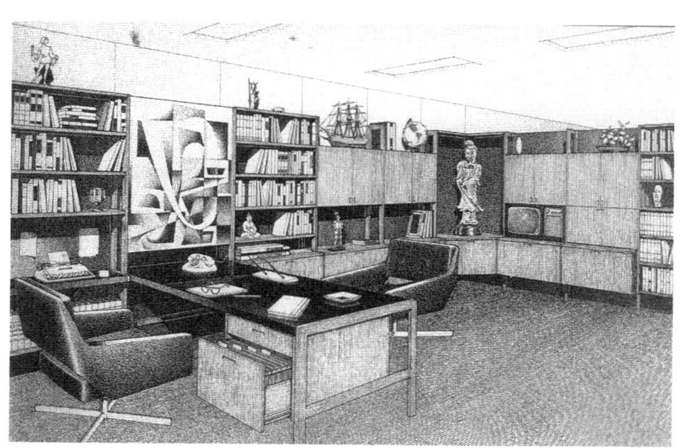

图 3-5-46　书房表现（钢笔）

图 3-5-47　室内光影分析（兰承兵）

图 3-5-48　室内表现（铅笔）

作业建议：

1. 临摹、写生单个的家具或房间的一角。
2. 临摹、写生完整的房间。
3. 写生复杂的场景。

第六节　建筑光影素描训练

【知识目标】通过对建筑构件和建筑环境明暗素描表现的学习，使学生对建筑物的透视变化、结构特点、材料质地等有一定的认识，掌握建筑光影素描的基本表现技法。

【能力目标】通过建筑构件和建筑环境光影素描的练习，提高学生用明暗造型的能力，培养学生用明暗来布局空间、表现形体结构同时注意形式美感，丰富表现技巧为专业设计服务。

【知识导向】建筑及建筑构件的结构和材质、透视规律的运用、明暗色调。

【训练设计】建筑构件的明暗素描练习、建筑场景的明暗素描练习。

建筑光影素描又称建筑明暗素描，运用明暗色阶的丰富变化逼真地表现光照下的物象光影效果，比线描更具真实感，表现更深入和完整，更富有表现力。

一、建筑局部写生

门窗、屋檐、柱子、台阶等作为建筑的基本构造和部件，不仅满足人们生活的需要，同时随着建筑装饰的发展，风格样式不断翻新还满足人们审美的需求。因此，在建筑光影素描训练的单元，我们把门窗、屋檐、柱子、台阶等作为建筑局部表现的形式来进行训练，使学生对建筑构件的透视变化、结构特点及材料质地等有一定的认识，进而掌握基本的表现技法。

（一）门、窗的训练

一扇门闭合一扇门开启成 90°，闭合的门是受光的，开启的门是背光的。

门里面的过道是背光的，暗色表现的是空间深度。打开的门在地上有清晰的投影。玻璃的描绘实际上是玻璃后面的物象，颜色一般较弱，如图 3–6–1 所示。

透过玻璃进来的光线使室内明暗对比强烈，室外是明亮的天空。室外看见的窗户有反光，没有反光时透出屋内的暗色，如图 3–3–2、图 3–6–3 所示。

图 3–6–1　学生作业（盛玲玲）

图 3–6–2 《过道的转角》（卡伦·西德曼）

图 3–6–3　O.T. Bowles 作品

（二）台阶、柱子的训练

我们在写生时要注意运用透视规律，每级台阶因离视平线的距离不同而其顶面的宽窄也不同。

一般情况下台阶的顶面比较亮，立面相对暗一些，背光的侧面更暗，如图 3–6–4 所示。

图 3–6–4　阶梯（Ernest W. Watson）

室内场景颜色变化微妙，特别要注意受光、背光的变化，还要注意柱子的投影。

屋内的结构越复杂、东西越多，光影变化越复杂，越需要归纳、整理，理清层次如图 3-6-5 ～图 3-6-8 所示。

图 3-6-5　列宾美术学院学生作品（一）

图 3-6-6　铅笔画（Otto R. Eggers）

图 3-6-7　列宾美术学院学生作品（二）

图 3-6-8　列宾美术学院学生作品（三）

（三）屋檐的训练

由于光线的照射，屋檐朝上的面是受光的，朝下的面是背光的，所以屋檐下的墙上有很暗的投影。屋檐要做出厚度来，如图 3-6-9 所示。

屋檐下的投影很重要，和背光部的暗色一样说明了空间，如图 3-6-10 所示。

图 3-6-9 Ernest W. Watson 作品

图 3-6-10 铅笔画（Albert Thornton Bishop）

二、树的画法分析

建筑环境写生中，对各种各样加以树的描绘是必不可少的。从树的外形及树叶的特点，可以把树形理解为球体、椭圆体、锥体、半球体、多球体等。

（一）树干

树干是树木的支撑和骨架，不同品种的树，树干和枝丫都不同，要分别观察其特点。

树干不会是笔直的，从根部到树梢由粗变细，树干和枝丫连接是呈弧线连接。画树干时要仔细观察它的生长规律，注意枝丫的前后层次关系，如图 3-6-11、图 3-6-12 所示。

树干及枝丫是画树必须要解决的造型问题，需要仔细观察和认真临摹才能掌握画法。

这幅画树干暗、房屋亮用的是反衬来突出主题。近处的树虽颜色重，但自身对比弱，所以并没有抢主体。远、近树的颜色不同做出了空间和层次，如图 3-6-13 所示。

利用树干的黑、白、灰对比使画面更有趣味，如图 3-6-14 所示。

图 3-6-11　树干（卿笑天，铅笔）

图 3-6-12　树（达·芬奇，铅笔）

图 3-6-13　树的远近表现

图 3-6-14　铅笔画（Theodore Kautzky）

（二）灌木

许多灌木的基本形态呈现为球体，树冠的上部为受光部，下部为背光部，所以暗色集中在下部。根部的枝丫处于投影的位置因此非常暗，表现时要注意远近的虚实和明暗对比关系，如图 3-6-15 所示。

上部的半球体根据枝丫的多少实际上又分很多个层次，各层次之间的颜色不同，空隙间颜色较暗，如图 3-6-16 所示。

图 3-6-15　灌木的受光

图 3-6-16　灌木表现示范（卿笑天）

（三）乔木

枝叶比较茂盛的树木，可以理解为多个椭圆体的组合，前面的叶簇体积明确，需要后面较暗的颜色衬托，树的边缘一定要参差不齐，太整齐了就死板了，如图 3-6-17、图 3-6-18 所示。

图 3-6-17　乔木的受光

图 3-6-18　乔木表现示范（卿笑天）

松柏形态明显呈三角形，横向伸展且层层叠置成塔形，每一层结构都是上面亮、下面暗，在描绘时要突出树木的上半部及中间区域，越往下画越概括，如图 3-6-19、图 3-6-20 所示。

芭蕉树叶大呈长椭圆形，暗色集中在叶片背面，叶片之间的遮挡形成较重的颜色。后面的一片弱化（颜色暗、对比弱）。

注意棕榈树扇形的叶片，除了正对着的几片树叶，其余的依次弱化形成虚、实。

画树的步骤如图 3-6-21 ～图 3-6-24 所示。

图 3-6-19　松柏的受光

图 3-6-20　松柏表现示范（卿笑天）

图 3-6-21　芭蕉树

图 3-6-22　芭蕉树完成图（卿笑天）

图 3-6-23 棕榈树

图 3-6-24 棕榈树完成图（卿笑天）

三、完整建筑场景的训练

（一）建筑场景写生训练

（1）用长直线画出建筑物大致的透视空间关系，注意比例及前后的位置关系，如图 3-6-25 所示。

（2）有选择地描绘建筑物的门、窗、墙垛等主体构造，画出大体的明暗色调关系，如图 3-6-26 所示

图 3-6-25 步骤一

图 3-6-26 步骤二

（3）强调主次及明暗关系，整体地对景物进行深入刻画，注意空间的表现和层次的变化，如图 3–6–27 所示。

（4）强化前景各种景物如屋檐、木窗、石板路面等的质感表现，如图 3–6–28 所示。

图 3-6-27　步骤三

图 3-6-28　建筑场景完成图（卿笑天）

（二）建筑素描训练

（1）起稿注意构图、透视。用长直线确定比例、位置和主要结构，如图 3–6–29 所示。

（2）大致画出建筑物的受光面和背光面，适当强调主体建筑，注意空间及虚实关系的体现，如图 3–6–30 所示。

（3）深入刻画建筑物的细节，明暗交界线要强调。阴影里面的细节处理要含蓄，受光部的内容要清晰，注意主体建筑外墙玻璃质感的体现，如图 3–6–31 所示。

（4）用较暗的色调画出前景中的道路围栏和车辆，注意建筑物背光面反光的表现，如图 3–6–32 所示。

图 3-6-29　步骤一

图 3-6-30　步骤二

图 3-6-31　步骤三

图 3-6-32　建筑素描完成图（卿笑天）

四、静物光影素描的实例分析

1. 建筑构件的明暗表现

实训内容：门窗、屋檐、柱子、台阶等建筑构件临摹和写生。

实训目的：通过建筑构件明暗表现来使学生了解建筑构件的装饰样式，把握它们的结构特点及材料质地，进而掌握建筑局部表现的基本技法，如图 3-6-33、图 3-6-34 所示。

图 3-6-33　示范（一）学生作业

图 3-6-34　示范（二）学生作业

2. 建筑场景的明暗表现

实训内容：传统民居、现代建筑及风景的临摹和写生。

实训目的：通过建筑场景明暗素描的练习，使学生掌握构图形式和房屋明暗表现，如图 3–6–35、图 3–6–36 所示。

图 3–6–35　示范（一）学生作业

图 3–6–36　示范（二）学生作业

第七节　建筑钢笔画训练

【知识目标】学会用线描法按照透视要求表现室内外建筑。

【训练设计】临摹为主，并做适量写生训练。

一、室内钢笔画训练

（一）家具与小植物训练

不同于速写的建筑画是可以用尺子靠着画直线，弧线的地方是徒手描绘的。短线及暗色的排线可以徒手绘制。

沙发、灯具、床、柜子、桌子、茶几、花瓶、摆件等都需要专门练习，要用简练的线描体现出各种材质、各种造型的特点，如图 3–7–1 ～图 3–7–8 所示。

图 3-7-1　盆栽训练（一）（郑灵燕）

图 3-7-2　盆栽训练（二）（郑灵燕）

图 3-7-3　插花训练（一）（郑灵燕）

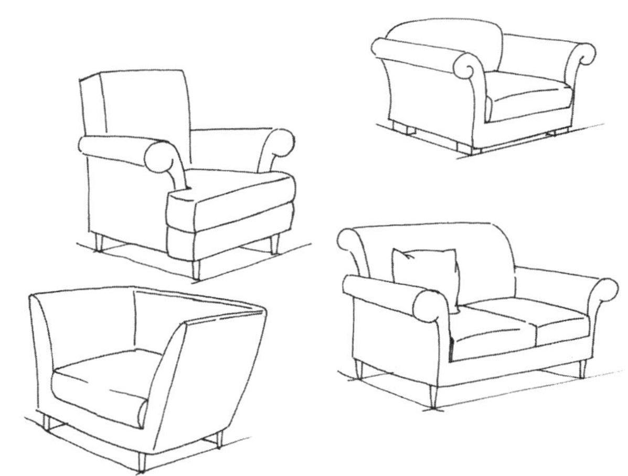
图 3-7-4　沙发训练（一）（郑灵燕）

图 3-7-5　沙发训练（二）（郑灵燕）

图 3-7-6　沙发训练（三）（郑灵燕）

图 3-7-7　沙发训练（四）（郑灵燕）

图 3-7-8　沙发训练（五）（郑灵燕）

家具的明暗可以简单概括，暗部要有虚实，强调明暗交界线（用线密集），注意反光（用线较疏，颜色浅）。投影可以起很好的衬托作用，但不能画死板了，如图 3-7-9 ~ 图 3-7-14 所示。

图 3-7-9　学生作业（一）

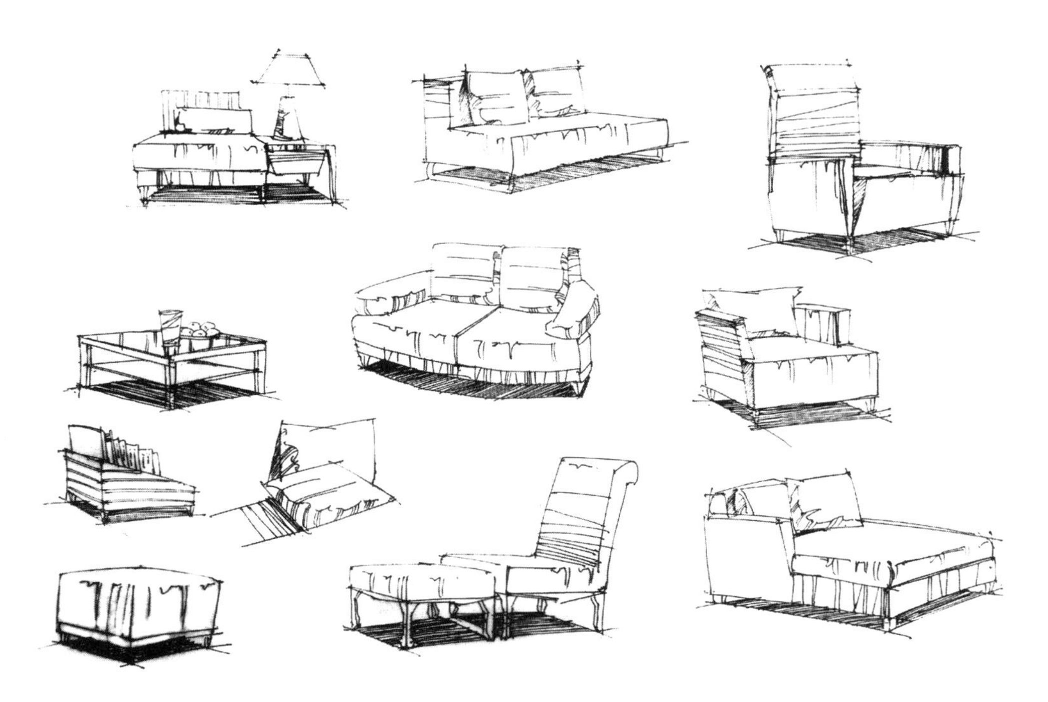

图 3-7-10 学生作业（二）

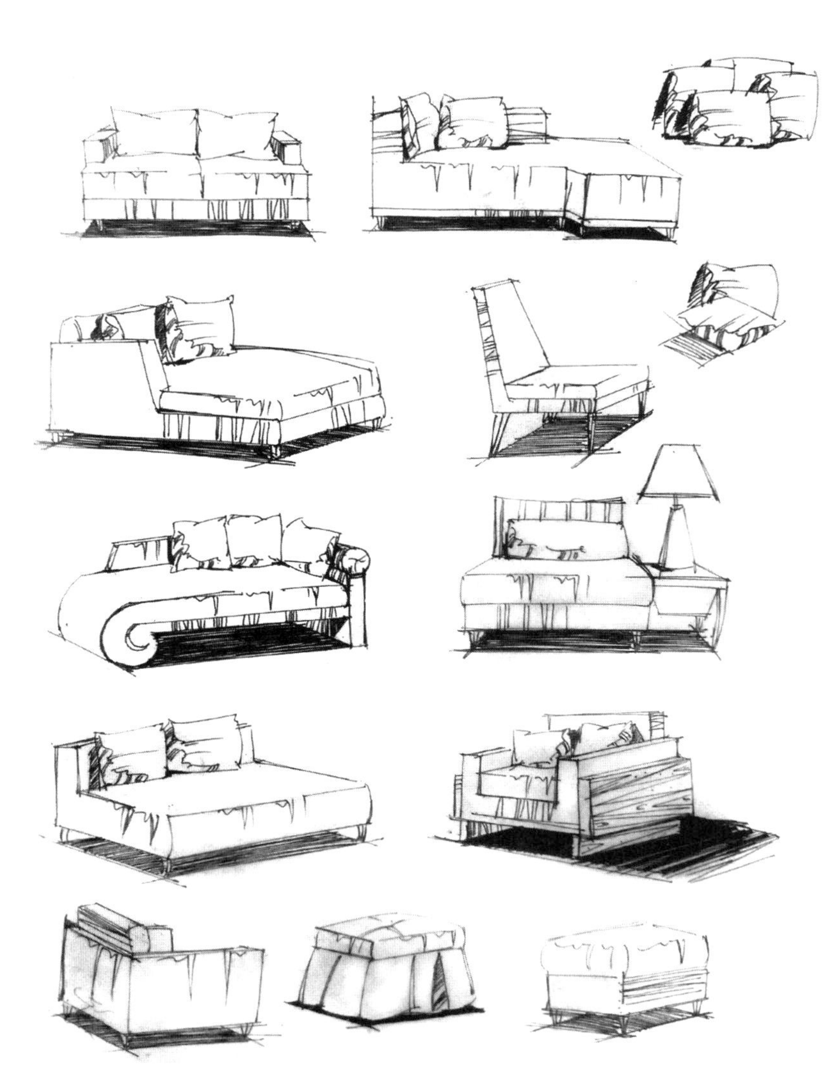

图 3-7-11 学生作业（三）

图 3-7-12　学生作业（四）

图 3-7-13　椅子训练（一）（郑灵燕）

图 3-4-14　椅子训练（二）（郑灵燕）

（二）室内局部训练

图 3-7-15　学生作业（五）

如图 3-7-15 所示，这是室内一角，物件以沙发为主，配上植物、台灯的轻松环境，小花布的沙发罩很有浪漫气息。深重的暗色块强化了画面效果，使零碎的线有了依托。

如图 3-7-16 所示，沙发和其他家具都是室内钢笔画的重要部分。注意柔软的垫子与坚硬木材画法上的区别。家具的投影很重要，可以衬托物体，还可以在画面上起到很好的明暗调节作用。注意暗部深色到浅色的用线变化。

如图 3-7-17 所示，复杂环境要注意不能面面俱到，画面中很多细节已被省略掉了。

图 3-7-16 学生作业（六）

图 3-7-17 学生作业（七）

图 3-7-18 室内局部训练（一）（郑灵燕）

图 3-7-19　室内局部训练（二）（郑灵燕）

图 3-7-20　室内局部训练（三）（郑灵燕）

（三）室内环境训练

用两点透视求出透视线，再用钢笔加工而成。画面简洁明了，层次分明如图 3-7-21 ~图 3-7-26 所示。

注意暗色的处理，故意做出深浅的变化，表示受光的情况，如图 3-7-27 和图 3-7-28 所示。

图 3-7-21　室内环境训练（一）（郑灵燕）

图 3-7-22　室内环境训练（二）（郑灵燕）

图 3-7-23　室内环境训练（三）（郑灵燕）

图 3-7-24　室内环境训练（四）（郑灵燕）

图 3-7-25　室内环境训练（五）（郑灵燕）

图 3-7-26　室内环境训练（六）（郑灵燕）

图 3-7-27　学生作业（一）

图 3-7-28　学生作业（二）

如图 3-7-29 所示越是大的场景越容易空，细节会使画面丰富，所以故意做了沙发的花纹、墙面石材的粗糙肌理、顶棚的变化。

图 3-7-29　学生作业（三）

如图 3-7-30 所示床上的东西都很软，多用曲线，暗色的使用使画面很响亮。

如图 3-7-31、图 3-7-32 所示如果有大面积灰色，有需要突出的物体一定要用亮色或暗色，才能区别开。

如图 3-7-32 所示这是个欧式的客厅，家具的细节、装饰的特点都足以说明。与图 3-7-31 所示风格不同，正好可以对比一下。

图 3-7-30　学生作业（四）

图 3-7-31　学生作业（五）

图 3-7-32　学生作业（六）

如图 3-7-33、图 3-7-34 所示，这两幅图都是严格按照透视法来画的，用了丁字尺、三角板等工具，明暗是用密集的直线做成的。画图之前要选好透视角度，试点可高、可低，可以用一点透视，也可用成角透视，要便于表现室内场景。

图 3-7-33　学生作业（七）

图 3-7-34　学生作业（八）

（四）植物训练

植物的画法多种多样，树形也是多种多样。这里只介绍了部分画法，在前面的风景速写里可以见到其他的画法。

画植物用笔要灵活、树枝、树叶要有力、充满生气，边缘要参差不齐。如图 3–7–35 ~ 图 3–7–41 所示。

图 3–7–35　植物训练（一）（郑灵燕）

图 3–7–36　植物训练（二）（郑灵燕）

图 3–7–37　植物训练（三）（郑灵燕）

图 3–7–38　植物训练（四）（郑灵燕）

图 3-7-39　植物训练（五）（郑灵燕）

图 3-7-40　植物训练（六）（郑灵燕）

图 3-7-41　植物训练（七）（郑灵燕）

二、建筑钢笔画训练

室外场景一般都较大，除了安排好构图、透视正确外，要注意配景的处理，不能抢了主体，如图 3–7–42 所示。

建筑的明暗可以按照光线来，也可以像如图 3–7–43 所示一样做出因材质不同体现的颜色变化。

图 3–7–42 建筑钢笔训练（一）（郑灵燕）

图 3–7–43 国外建筑表现（一）

图 3–7–44 国外建筑表现（二）

如图 3–7–44、图 3–7–45 所示，这里的明暗是采用细致、柔和的颜色形成的，充分考虑了光线的变化，树及地面都做了很好的明暗归纳。

图 3–7–46 中强化了明暗，黑白对比强烈，效果响亮。

巧妙利用后面树丛的暗色突出了房屋。

暗色背景前的人物故意做成浅色，浅色背景前的人物故意做成暗色。

图 3–7–45 国外建筑表现（三）

图 3–7–46 国外建筑表现（四）

近处路面为了避免突出，用树丛的阴影覆盖成暗色，从而将视线引向主体建筑。

图 3–7–47 光线柔和，图 3–7–48 光线强烈，但都很好地借助了环境使画面更加美观、生动。图 3–7–48 的前景（树丛及地面）对比做成较暗的颜色，远景的房屋明暗对比强，所以是近处弱，远处突出。

图 3–7–47　国外建筑表现（五）

图 3–7–48　国外建筑表现（六）

图 3–7–49 不是突出建筑本身，而是较客观地描述环境，让建筑融于优美的环境中。

图 3–7–50 将建筑群及远山一览眼底，近处对比强，远处对比弱，主体突出、层次分明。有意将画面中心做亮，四周略暗，正好可以突出主体。

图 3–7–49　国外建筑表现（七）

图 3-7-50　国外建筑表现（八）

ARCHITECTURAL SKETCH
FOUNDATION

Chapter 4

第四章
风景速写训练

第一节 速写的概念和意义

【知识目标】通过对速写表现方法的分析和训练，让学生学会如何快速记录和表现场景。

【能力目标】通过对风景速写的训练，提高学生的归纳、造型、虚实、用线等能力。

【知识导向】速写需要多看、多临摹、多写生。

【训练设计】用线、用明暗的学习需要反复分析、理解，除老师帮助分析外，自己要多思考、多练习。

1. 速写的概念

速写指的是一种快速的描绘方法，常常用来做草图、收集素材、训练造型能力，表现方式概略、简洁。

对于速写制作的时间长短，没有特别严格的界定，可以是几分钟、十几分钟、半个小时，也可以是一个小时、两个小时，这要根据绘制的方法和内容的复杂程度来定。

2. 速写的作用和意义

速写不仅可以锻炼我们的造型能力、观察能力、概括能力，也能够提升我们的审美能力，在收集素材、积累经验、创作的过程中，速写可以很方便、很灵活地做到将感受具象化随着绘画艺术的发展，速写不光成为美术基础训练的必修科目，也成为一种相对独立的艺术表现手法。

第二节 速写的分类

1. 根据题材分类

根据绘画的题材，速写可以分为人物速写、动物速写、建筑速写、风景速写。

2. 根据表现形式分类

根据表现形式可以分为线描速写、线加明暗的速写、铅笔明暗速写、铅笔、炭笔明暗速写、国画手笔速写。

（1）线描速写（图 4-2-1 ~图 4-2-3）。

图 4-2-1　钢笔线描（张苗）

图 4-2-2　钢笔线描（陈杨飞）

图 4-2-3　山村（孙志刚，钢笔线描）

线条是速写最基本的造型语言，也是速写最基本的造型要素。线条因其工具、材料的不同，而造就了各具特色的丰富变化，具有独特的韵味和形式美感。

线描首先要认真理解物象的结构、特点，然后以精炼的线条勾画出形体的主要线条与透视变化，还必须注意利用线条的深浅、粗细、疏密等变化，合理表现出空间层次。

在描绘过程中，线条的不同变化可以表现不同物体的独特质感。例如，柔和纤秀的线条适于表现质地细软的物体，而刚劲挺拔的线条则适于表现质地粗硬的物体。

注意：用线的流畅、疏密、透视、形象的生动、准确。

如图 4-2-2 所示，这张速写记录了屋檐的一个角，加上植物使其丰富生动。

注意：树及篱笆等容易画乱，需要概括和理出秩序来。

如图 4–2–3 所示这幅速写基本上是满构图，特点是给人以稳定的感觉。中景是重点刻画的地方，而远景的处理则概括简练，用轻松的线条勾画出了远山，增强了远近的对比，层次清晰。在画屋顶的青瓦结构时，也注意了虚与实的对比，避免满铺给人死板的感觉。

图 4–2–4　风景（孙志刚，钢笔）

（2）线加明暗的速写。

如图 4–2–4 所示这种方法是线条与明暗色调结合，它是一种目前普遍采用的速写方法。线面结合的速写，创造性空间和表达意图更自由、灵活，它不仅能够较充分地表达审美对象的形状、体积、质感，而且还具有强化形体、渲染气氛的特点。将线条与色调结合是一种综合画法，可以以线条为主加明暗调子，也可以用明暗调子为主加线条。

（3）钢笔明暗速写。

如图 4–2–5 所示钢笔明暗速写近似于素描，一样需要按照光线变化来，但处理方法更为自由、灵活。比如，减弱、概括灰色的变化，加强对比；人为将暗色概括，省掉太多细节；主观强化主体与环境的对比，使效果突出等。

如图 4–2–6 所示这张钢笔明暗速写弱化了光线的感觉，更在乎外形。船里的暗色是为了衬托船的顶部和船舷，水中的投影与船身的浅色对比强烈，使效果突出。除了投影外，环境一律省略，用白底衬出主体，单纯、响亮。

图 4–2–5　阆中的小旅店（郑灵燕，签字笔）

图 4–2–6　轮渡（郑灵燕，签字笔）

如图 4-2-7 所示，这张鸭子的速写先勾外形，再填充背光的暗色，用笔松动、灵活。近处的鸭子用色较暗、远处用色较浅，照顾了虚实。

（4）铅笔、炭笔明暗速写。

如图 4-2-8 所示铅笔的明暗表现是最丰富的，可以做出细致的变化来。这张速写严格按照光线、明暗的情况来分析、使用颜色，所以立体效果好、内容丰富且生动。

近处的草地和植物故意弱化处理，以突出房屋。

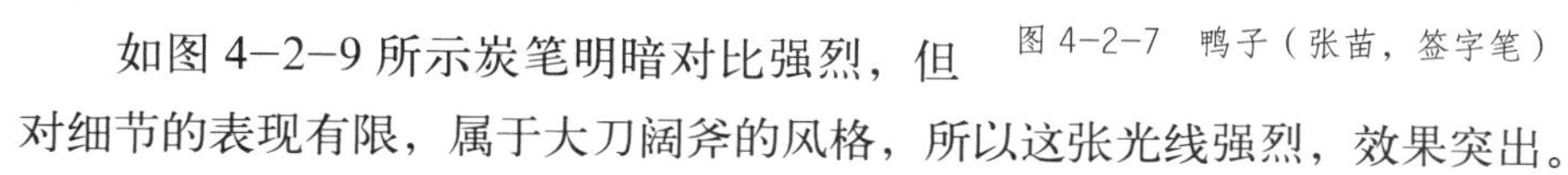

图 4-2-7　鸭子（张苗，签字笔）

如图 4-2-9 所示炭笔明暗对比强烈，但对细节的表现有限，属于大刀阔斧的风格，所以这张光线强烈，效果突出。

图 4-2-8　Paul F. Watkeys 作品（铅笔）

图 4-2-9　霍夫加斯坦的农舍（阿道夫·门采尔）

如图 4-2-10 所示这张炭笔风景的中心是房屋和大树，其他的都是简化处理，远处的树丛几乎平涂，近处的原野也只是简单处理了一下。

（5）国画毛笔速写。

如图 4-2-11 所示国画的用线和表现方法与西画不同，更在乎外形。这张国画的线稿遵循了一定的透视和空间规律，造型严谨、用笔生动，树的刻画都一丝不苟。

图 4-2-10　乡村（梅红霞，炭笔）

图 4-2-11　虎丘（林良丰，毛笔、宣纸）

如图 4-2-12 所示这张建筑的毛笔线稿，造型严谨、刻画细致，古建筑的风格、细节表现得很到位。

如图 4-2-13 所示这张国画用满构图的方式将门楼突兀地呈现出来，展现出伟岸的气势。用线生动、自由，还照顾了光线和明暗，最后染墨衬托了主体，还渲染了气氛。

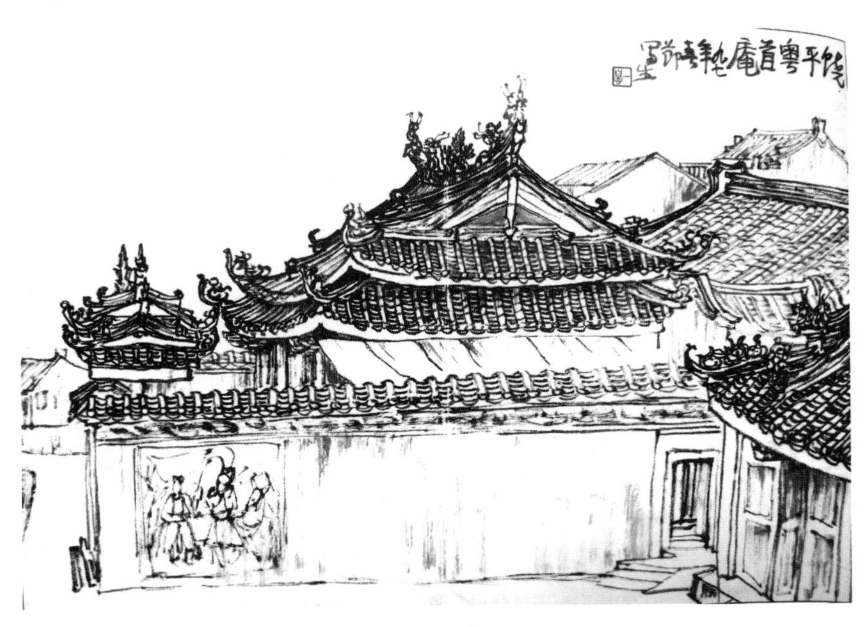

图 4-2-12 饶平粤首庵（林良丰，毛笔、宣纸）

图 4-4-13 张良庙（孙文忠，毛笔、宣纸）

第三节 速写的方法和步骤

速写的方法和步骤见表 4-3-1。

表 4-3-1 速写的方法和步骤

速写关系	造型	速写的造型需要有很强的概括能力，也就是需要抓住特点，省掉或简化繁杂的细节，俗称“做减法”
	明暗关系	单纯的线描无需考虑明暗； 明暗速写对明暗的把握实际上是省掉了灰色的部分，强化亮部和暗部的对比，还要考虑画满整体的明暗色块的构成关系；细致的明暗速写接近素描，但是也省掉了过多的细节，简练、概括，效果突出
	空间、层次、虚实	速写也有空间和层次之分，通过遮挡、远近、大小、透视等来表达，只是更简练；线描的虚实是靠物象细节来体现，越清晰的细节越多越准确，内容越简单越虚
	明暗对比	线描没有真正概念的明暗，但也常常通过用线的疏密来形成颜色的对比，以使画面主次分明，效果突出，比如线面结合法； 细腻的速写近似于素描的明暗，但也做了大量的“减法”，省去了丰富的变化，也强化了对比效果，这对于主体的衬托必不可少

（一）钢笔线描速写训练一

（1）先根据构图安排，确定主体的位置，前景树的位置要留出空白，如图 4-3-2 所示。

（2）将前景的树补充上去，与主体房屋形成遮挡，如图 4-3-3 所示。

（3）后面树丛密集用线形成的暗色区域，可以很好地衬托主体，如图 4-3-4 所示。

（4）继续画出花草等配景，既丰富画面，又衬托房屋；加上房屋的细节。最后加上的雕塑，使画面有了高低错落的变化，如图 4-3-5 所示。

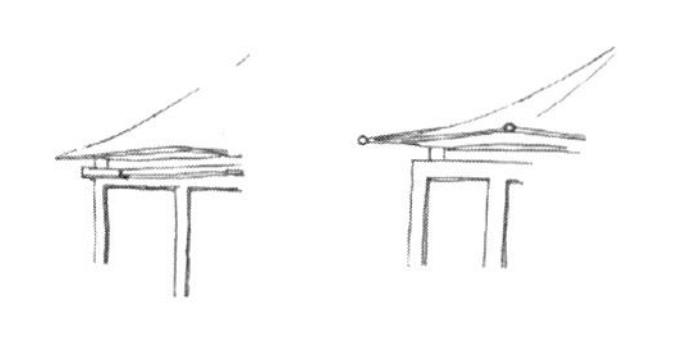

图 4-3-2 步骤一

图 4-3-3 步骤二

图 4-3-4 步骤三

图 4-3-5 步骤四

如图 4-3-6 所示，这张线描速写省去了屋顶及墙体的细节，概括成大片的白色，植物密集的用线组织出暗色衬托了白色的房子。远处的雕塑简化到只有个大致的形。

注意：花台用线要与整体透视一致。

图 4-3-6 湖边的茶室（郑灵燕，钢笔线描）

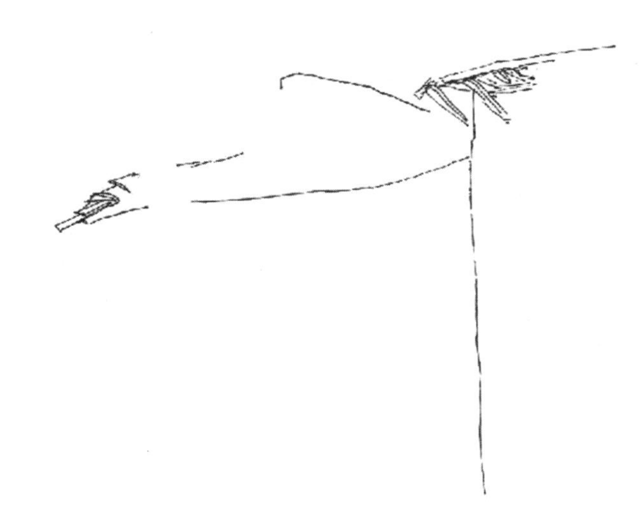

图 4-3-7　步骤一

（二）钢笔线描速写训练二

（1）先画主要的线，也就给建筑定了位，这一步决定了构图，如图 4-3-7 所示。

（2）顺着主要的线画出相关内容，如图 4-3-8 所示。

（3）其他的造型实际上始终在参考着房顶的大小和形状，由此展开视野，画完整，如图 4-3-9 所示。

（4）配景必不可少，这里的箩筐、自行车、盆子、砖块都起着丰富画面、更加生动的作用，如图 4-3-10 所示。

（5）最后加上衣服、草丛等，使画面丰富。又加了小块的暗色来避免用线的杂乱并加强了效果，如图 4-3-11 所示。

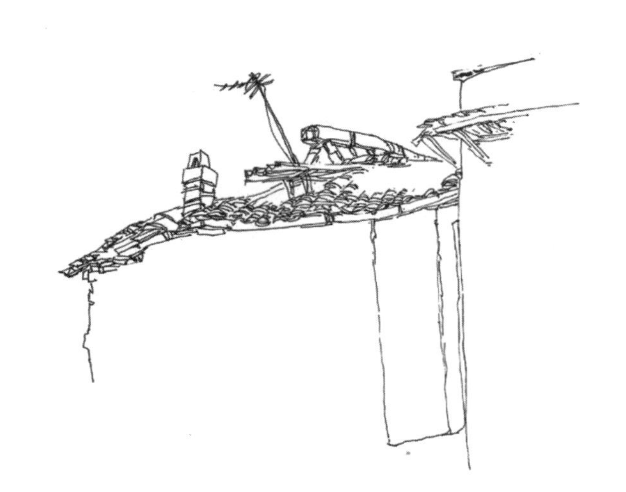

图 4-3-8　步骤二

图 4-3-9　步骤三

图 4-3-10　步骤四

图 4-3-11　钢笔线描完成图（唐太智）

（三）练习：钢笔线描速写范图

图 4-3-13 ~图 4-3-71 为钢笔线描速写范图，供学习参考。

图 4-3-13 树的速写训练（一）（林琅）

图 4-3-14 树的速写训练（二）（林琅）

图 4-3-15 树的速写训练（三）（林琅）

图 4-3-16 树的速写训练（四）（林琅）

图 4-3-17 树的速写训练（五）（林琅）

图 4-3-18 树的速写训练（六）（林琅）

图 4-3-19　树的速写训练（七）（林琅）

图 4-3-20　树的速写训练（八）（林琅）

图 4-3-21　树的速写训练（九）（林琅）

图 4-3-22　钢笔风景速写（一）（林琅）

图 4-3-23 钢笔风景速写（二）（林琅）

图 4-3-24 钢笔风景速写（三）（林琅）

图 4-3-25 钢笔风景速写（四）（林琅）

图 4-3-26 钢笔风景速写（五）（林琅）

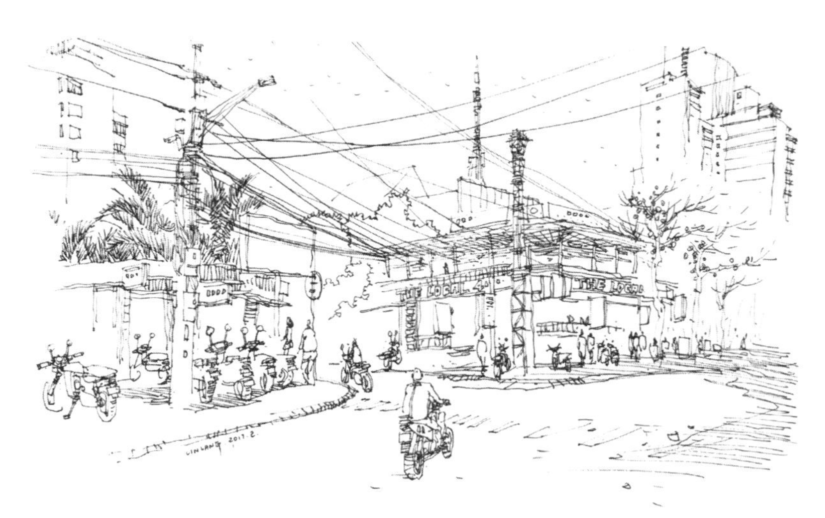

图 4-3-27 钢笔风景速写（六）（林琅）

图 4-3-28 钢笔风景速写（七）（林琅）

图 4-3-29　钢笔风景速写（八）（林琅）

图 4-3-30　钢笔风景速写（九）（林琅）

图 4-3-31　钢笔风景速写（十）（林琅）

图 4-3-32　钢笔风景速写（十一）（林琅）

图 4-3-33　钢笔风景速写（十二）（林琅）

图 4-3-34　钢笔风景速写（十三）（林琅）

图 4-3-35　钢笔风景速写（十四）（林琅）

图 4-3-36　钢笔风景速写（十五）（林琅）

图 4-3-37 钢笔风景速写（十六）（林琅）

图 4-3-38 钢笔风景速写（十七）（林琅）

图 4-3-39 钢笔风景速写（十八）（林琅）

图 4-3-40 钢笔风景速写（十九）（林琅）

图 4-3-41　钢笔风景速写（二十）（林琅）

图 4-3-42　钢笔风景速写（二十一）（林琅）

图 4-3-43　钢笔风景速写（一）（蔡明）

图 4-3-44　钢笔风景速写（二）（蔡明）

图 4-3-45　钢笔风景速写（三）（蔡明）

图 4-3-46　建筑钢笔风景（一）（饶秀光）

图 4-3-47　建筑钢笔风景（二）（饶秀光）

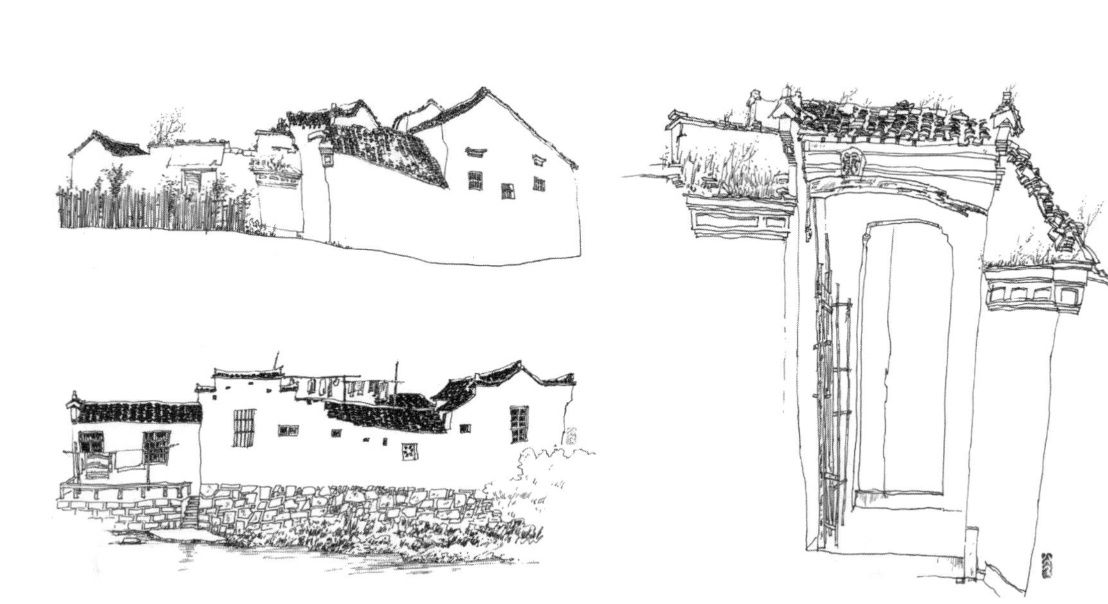

图 4-3-48　建筑钢笔风景（三）（饶秀光）

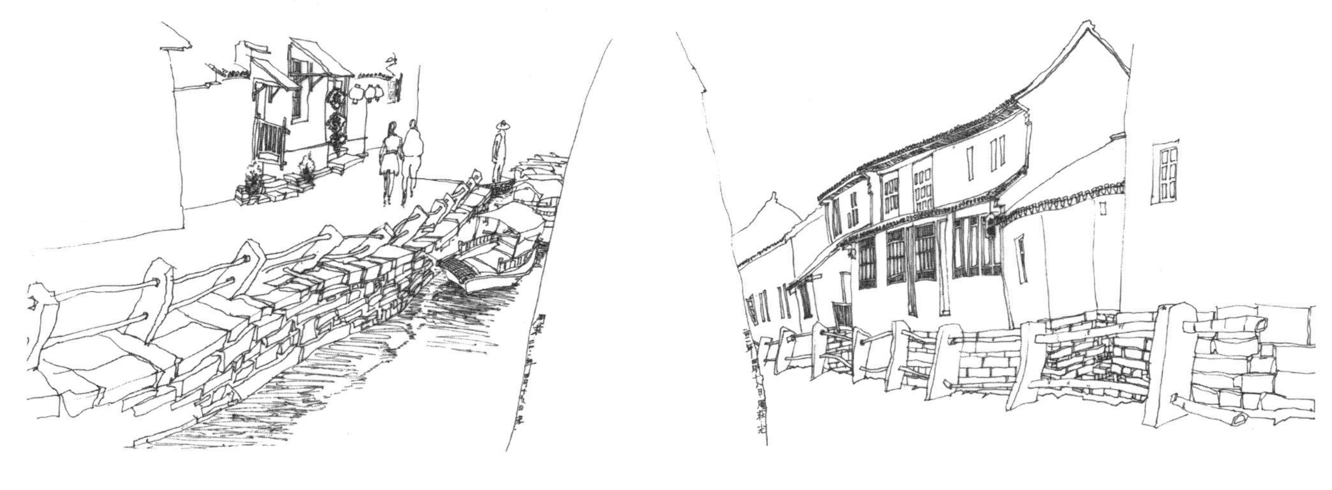

图 4-3-49　建筑钢笔风景（四）（饶秀光）

图 4-3-50　建筑钢笔风景（五）（饶秀光）

图 4-3-51　建筑钢笔风景（六）（饶秀光）

图 4-3-52　风景线描速写（一）（穆宝峰）

图 4-3-53　风景线描速写（二）（穆宝峰）

图 4-3-54　风景线描速写（三）（穆宝峰）

图 4-3-35　风景线描速写（四）（穆宝峰）

图 4-3-56　风景线描速写（五）（穆宝峰）

图 4-3-57　风景线描速写（六）（穆宝峰）

图 4-3-58　建筑风景速写（一）（印国强）

图 4-3-59　建筑风景速写（二）（印国强）

图 4-3-60　建筑风景速写（三）（印国强）

图 4-3-61　建筑风景速写（四）（印国强）

图 4-3-62　建筑风景速写（五）（印国强）

图 4-3-63　建筑风景速写（六）（印国强）

图 4-3-64　风景速写（一）（印国强）

图 4-3-65　风景速写（二）（印国强）

图 4-3-65　风景速写（三）（印国强）

图 4-3-66　查济许溪（卿笑天）

图 4-3-67　古村小巷（卿笑天）

图 4-3-68　屏山村口（卿笑天）

图 4-3-69　屏山古桥（卿笑天）

图 4-3-70 溪畔（卿笑天）

图 4-3-71 拙政园小景（卿笑天）

（四）钢笔明暗速写训练

（1）构图、做出建筑及树丛的轮廓线，注意透视的准确。

第一步做得越好，后面的步骤越顺利，如图 4-3-72、图 4-3-73 所示。

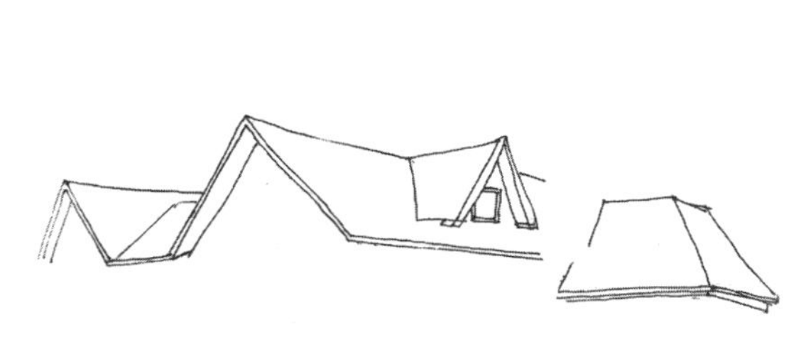

图 4-3-72 步骤一

图 4-3-73 步骤二

（2）用线条的疏密组织出灰色和暗色，窗户故意处理成重色，感觉透出了物理的暗色。注意屋檐下的投影，如图 4-3-74 所示。

（3）树可以处理成浅色，也可处理成暗色，这里的树以浅色为主，只有两颗塔柏是暗色。树的颜色根据需要可以灵活处理，主要是为了衬托建筑，如图 4-3-75 所示。

图 4-3-74 步骤三

图 4-3-75 钢笔明暗速写完成图（郑灵燕）

（五）钢笔明暗速写范图

图 4-3-76 ～图 4-3-94 为钢笔明暗速写范图，供学习参考。

图 4-3-76 老房子（唐太智，钢笔）

图 4-3-77　老巷子（郑灵燕）

图 4-3-78　古建筑速写（一）（陈杨飞）

图 4-3-79　古建筑速写（二）（陈杨飞）

图 4-3-80　古建筑速写（三）（陈杨飞）

图 4-3-81　建筑风景明暗速写（一）（印国强）

图 4-3-82　建筑风景明暗速写（二）（印国强）

图 4-3-83　建筑风景明暗速写（三）（印国强）

图 4-3-84　建筑风景明暗速写（四）（印国强）

图 4-3-85　建筑风景明暗速写（五）（林琅）

图 4-3-86　建筑风景明暗速写（二）（林琅）

图 4-3-87 建筑风景明暗速写（三）（林琅）

图 4-3-88 建筑风景明暗速写（四）（林琅）

图 4-3-89 建筑风景明暗速写（五）（林琅）

图 4-3-10 建筑风景明暗速写（六）（林琅）

图 4-3-91 建筑风景明暗速写（七）（林琅）

图 4-3-92 建筑风景明暗速写（八）（林琅）

图 4-3-93　明暗速写（一）郑灵燕

图 4-3-94　明暗速写（二）郑灵燕

（六）铅笔明暗速写训练一

（1）勾外形线注意画面恰当的取舍、比例和透视关系，如图 4-3-95 所示。

（2）加明暗。从最暗的部分来开始涂调，在涂色调中注意勾勒树木生长的形态，特别是枝干生长的形态，如图 4-3-96 所示。

（3）进一步深入。一旦暗色调部分确定好，就开始画中色调部分，在所有明暗关系未调整满意之前不画过多细节，如图 4-3-97 所示。

（4）注意细节。当所有的明暗关系和背景都确定好之后，就需要着手处理细节和质感，如图 4-3-98 所示。

图 4-3-95　步骤一

图 4-3-96　步骤二

图 4-3-97　步骤三

图 4-3-98　步骤四

图 4-3-99　宁静的小水湾（费迪南德·比特里）

（七）铅笔明暗速写训练二

（1）勾外形线。这个建筑比较复杂，打轮廓时尽量准确。注意建筑体块之间的穿插和透视关系，如图 4-3-100 所示。

（2）加明暗。从明暗交界线开始画出屋顶和房子的背面，再画窗户的暗色，如图 4-3-101 所示。

图 4-3-100　步骤一

图 4-3-101　步骤二

（3）进一步深入。加大明暗对比，分出层次，如图 4-3-102。

（4）注意细节处理细节和质感，窗户、树丛都加深颜色，如图 4-3-103 所示。

图 4-3-102　步骤三

图 4-3-103　快乐街的房子（费迪南德·比特里）

（2）铅笔明暗速写范图

图 4–3–104 ～图 4–3–109 为铅笔明暗速写范图，供学习参考。

图 4-3-104　铅笔速写（一）（蔡明）

图 4-3-105　铅笔速写（二）（蔡明）

图 4-3-106　铅笔速写（三）（蔡明）

图 4-3-107　铅笔速写（四）（蔡明）

图 4-3-108　炭笔风景速写（一）（穆宝峰）

图 4-3-109　炭笔风景速写（二）（穆宝峰）

第四节　建筑风景速写范图分析

如图 4-4-1 所示，树丛密集的用线形成了灰色，使画面形成了亮、灰、暗三个层次，变得丰富、自然。局部暗色与线结合是速写常用的方法，其主要目的都是做强效果。

如图 4-4-2 所示这张画用单线起形，用短线塑造明暗，将近景、中景、远景三个空间概括得井然有序，统一而富于变化，画面饱满而充盈。

1. 速写训练方法

（1）临摹与写生相结合，提高学生的组合、概括及表现能力。

（2）写生与默写相结合，提高学生解决问题的能力，明确下一步学习目的。

（3）由简入繁，以慢入手，快慢结合。提升感性与理性的交汇融合水平，使其观察力、表现力逐渐走向深入。

2. 速写辅导方法

（1）课堂教学难免枯燥，但课堂训练非常重要，临摹和默写是训练速写的有效方法，

图 4-4-1　钢笔速写（郑灵燕，签字笔）

图 4-4-2　藏家的土路（郑灵燕，签字笔）

老师及时纠错必不可少，只有掌握了基本的速写知识要领，外出写生才会更有收获。

（2）要求学生随身携带速写本，方便随时记录，这种方式非常便捷有效。

（3）教师应该教会学生主动地分析、研究与领悟，逐步养成善于思辨的头脑，以及培育感觉敏锐的造型意识。

3. 学生作业赏析

如图 4–4–3 所示，这张速写是用明暗法来分析木屋的受光和背光，研究光线的变化。

如图 4–4–4 所示，这张线描加了适量的灰色和暗色，使造型既简单又丰富，充满趣味。

图 4-4-3 学生作业（一）

图 4-4-4 学生作业（二）

ARCHITECTURAL SKETCH FOUNDATION

Chapter 5

第五章

人物和交通工具

第一节 人物的比例

【知识目标】通过人体各部分比例的介绍，让学生灵活掌握人体比例，并通过临摹和写生练习，掌握人物各种动态。

【能力目标】通过对人物比例和动态的练习，学习各种人物配景。

【知识导向】熟练掌握人体的比例和动态，需要通过大量的实际练习来研究，本节主要解决人体动态。

【训练方法】反复临摹、反复写生，比例要熟记。

一、头部比例

三庭五眼：三庭指的是人的面部分为上庭——额头、中庭——眉骨以下到鼻底、下庭——鼻以下的嘴和下巴，每部分为面部的 1/3。五眼指的是面部横向的宽度是五个眼睛的宽度，如图 5-1-1 所示。

还需要记住的比例是：鼻底下面的 1/2 处是下嘴唇的边缘；耳朵在中庭之内；眼睛在面部的中间。

以上比例适合大部分人，少数特别的人要注意个体特点。

侧面：从侧面我们可以看见面部与脑部的比例是一样宽的，中心线在耳心处。但很多人脑部的比例略小，有些人后脑是平的，尺寸就更不够了，如图 5-1-2 所示。

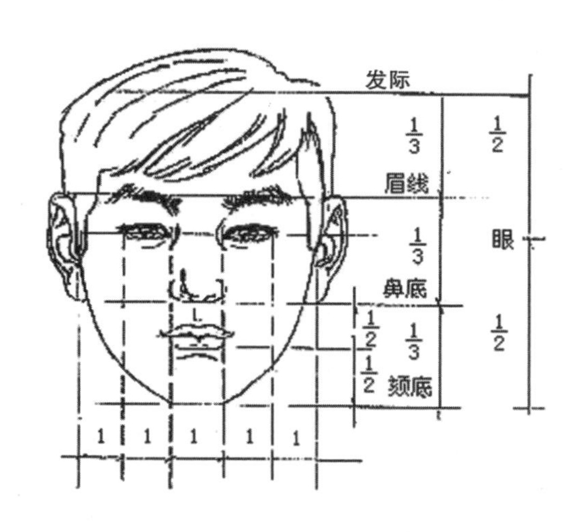

图 5-1-1 面部比例

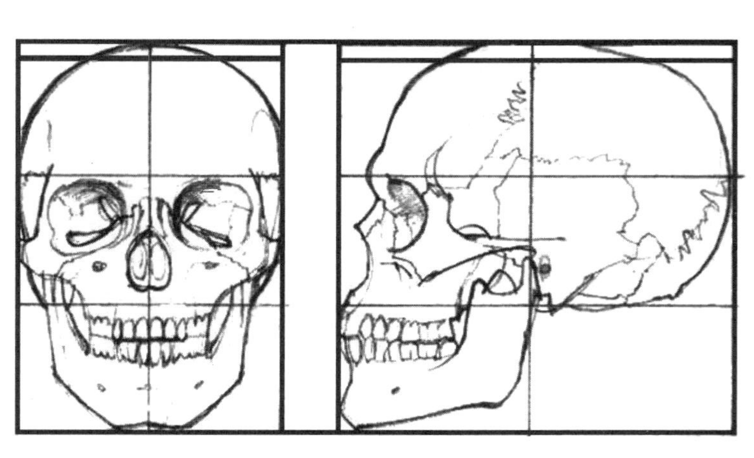

图 5-1-2 正面与侧面头骨

二、手部比例

男人的手指显粗、短，女人的手指显得细长，但这个也跟人的体型有关，高挑的人手指和手掌的长度基本是一致的；矮壮的人手指的长度比手掌短，如图 5–1–3 所示。

将手掌的根部放在下巴边，手指向上与面部比较，手指接近两额丘的连线。

三、身体比例

以头为单位，一般人的普通身高为 7 个半头，高矮的变化以此为基准适当的增减，其中手臂从肩峰起至中指端为 3 个头。腿部耻骨起到足底总长为 4 个头，躯干到下巴至耻骨为 3 个头。脚长为 1 个头，手掌为 2/3 个头，如图 5–1–4 所示。

以头为基本单位来衡量人物各部分的比例是我们常用的办法。画速写时，常常先画头，也就是定出了比例。

西方人的比例与东方人不一样，西方人有 8 个半头长，甚至 9 个头长。

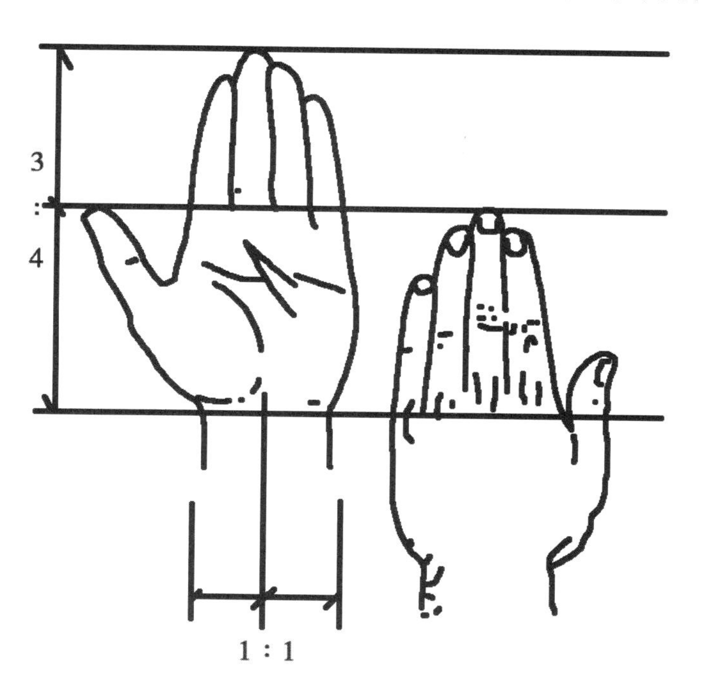

图 5–1–3　手部比例

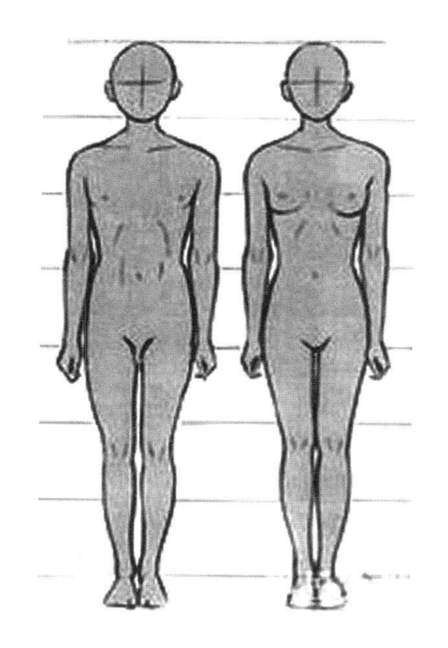

图 5–1–4　身体比例

四、各年龄阶段儿童的身体比例

儿童的身体比例跟年龄有关，各个年龄段的身高与头的比例都不一样。婴儿时期是 3 个头左右，5 ~ 6 岁是 4 个半头长，8 ~ 9 岁是 5 个半头长；12 ~ 13 岁是 6 个半头长，如图 5–1–5 所示。

（1）男女的区别：男性的肩比髋部更宽，女性肩膀相对较窄，髋部较宽。

（2）儿童：儿童的身体比例和成人也有区别，头相对身体较成人更显大。

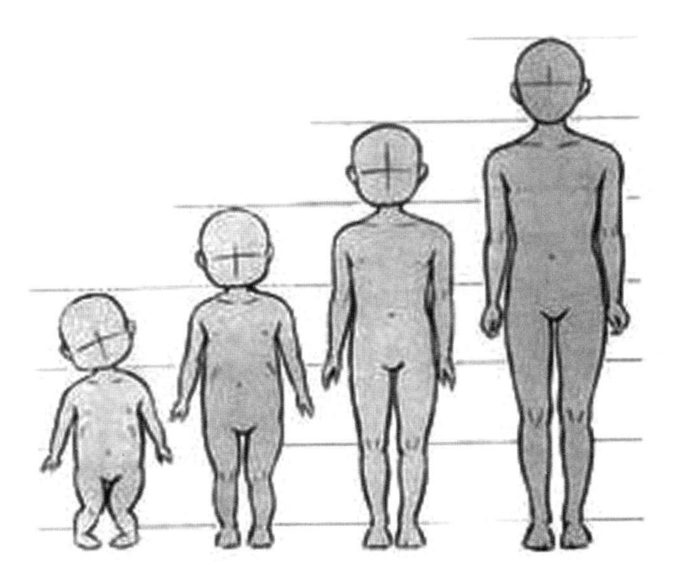

图 5-1-5 各年龄段的人体比例

（3）东西方人种：西方人种骨骼更粗大，身体更丰满，东方人种则相对较矮小。东方人我们一般按照 7 个半头长来研究。

以上标准遵循的是一般情况，在实际运用中应该尊重客观个体的差异。

（4）比例的夸张：卡通人物比例是作了夸张处理，让头部很大、身子细长；时装效果图是将人物头部缩小，四肢拉长，特别是下肢拉长，做成修长的模样；好多建筑效果图里的人物都将人体做了拉长处理。但我们学习阶段要求大家牢记比例，按照客观情况来分析。

作业建议：

临摹比例图直至熟练默写。

第二节 人物动态

一、体块研究

我们将人体分为头、胸廓、盆腔、四肢几个大体块，运动中的人体，各个体块间是协调、配合的，也就是不同的动作决定了各个体块之间的关联性动作。直立的人体动作简单，体块处于一个垂直的平面上，运动人体的各个体块之间是扭动、倾斜的，需要分析好各个体块的关系，才能画好人体动态。

二、重心

重心就是人体重量的支撑点。当人站立两脚重量承受相等时，重心就在两脚中间；人体一旦运动，重心就随动势发生位移。

当人体某一部分移位而重心不稳定时，人体的平衡机制会自动调节身体其他部位做

"补偿运动"，让重心稳定。例如一个奔跑的人，身体前倾突破重心极限的时候，后面的脚会向前跨，使重心回到新的平衡，这种连贯的重心前移，人的奔跑才会顺利。

图 4-2-1 是标准的站歇式，重心向直立的左脚倾斜，为了使动作协调，身子不再直立，而是呈曲线。脊柱是人体的中心直接关系到动作的协调，在各种动作中，头部、胸块、臀部三大块彼此向反方向倾斜。

观察脊柱的弯曲变化，与三大体块之间的关系是一致变化的，如图 5-2-2、图 5-2-3 所示。

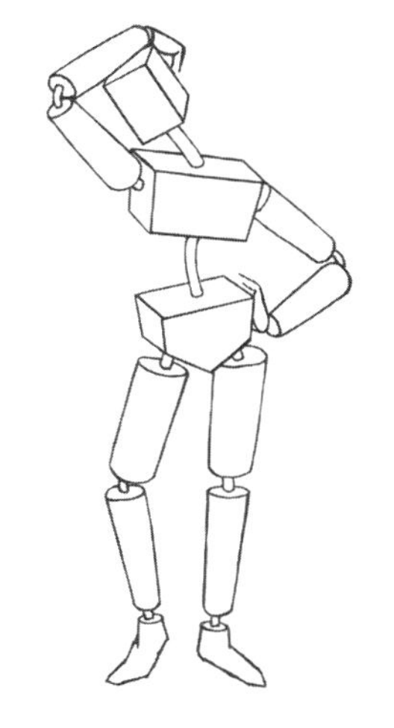

图 5-2-1 体块动态研究（一）

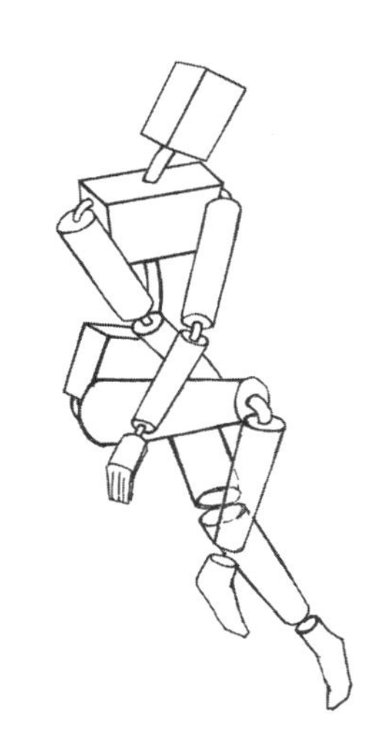

图 5-2-2 体块动态研究（二）

图 5-2-3 动态研究（二）对应照片

运动中的人体重心是随着动作的变换而变换，注意运动的趋势，如图 5-2-4、图 5-2-5 所示。

短暂的不平衡会被连续的动作矫正如图 5-2-6 所示。

图 5-2-7、图 5-2-8 的舞蹈动作的支撑点是左脚，但人体前倾厉害，重心往身体前面移，落在腰腹部位置，为了保持身体平衡，手臂展开、右腿向后伸，腰下塌。

注意：很多同学会把突出的胸部和臀部边线看成体块边线，这样分析的动作不准确。

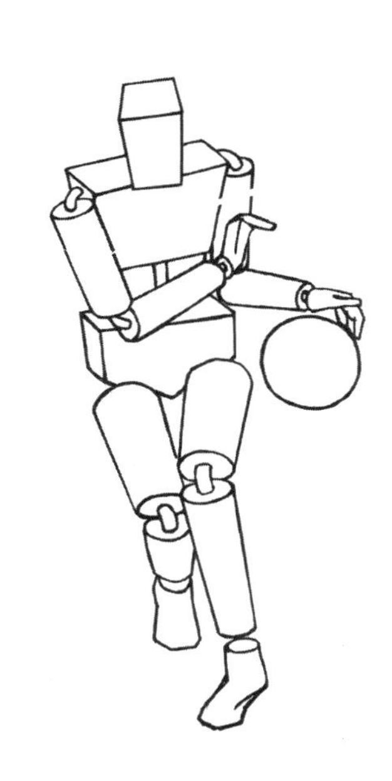

图 5-2-4 体块动态研究（三）

图 5-2-5 动态研究（三）对应照片

图 5-2-6 体块动态研究（四）

图 5-2-9、图 5-2-10 双人组合的重心转移到了男士的左腿上，女士依靠男士得到平衡。男士的身体是扭动的。

图 5-2-7 体块动态研究（五）

图 5-2-8 动态研究（五）对应照片

图 5-2-9 体块动态研究（六）

图 5-2-10 动态研究（六）对应照片

作业建议:

参考图片临摹，再针对下面的图片作体块分析，认真分析 10 个动作以上。

图 5-2-11 动态研究照片（一）

图 5-2-12 动态研究照片（二）

图 5-2-13 动态研究照片（三）

图 5-2-14 动态照片（四）

图 5-2-15 动态照片（五）

图 5-2-16　动态研究照片（六）

图 5-2-17　动态研究照片（七）

图 5-2-18　动态研究照片（八）

图 5-2-19　动态研究照片（九）

图 5-2-20　动态研究照片（十）

图 5-2-21　动态研究照片（十一）

图 5-2-22　动态研究照片（十二）

图 5-2-23　动态研究照片（十三）

第三节 人物速写

线描不光是训练基本功的重要方法，在创作工程中也需要反复用线描、线与光影结合的方法来推敲、定型。

在传统中国画里，线描人物已经达到一个很高的水平，我们可以从中国画的人物线描画中学到很多东西。

以线为主的作品中，线条的表现是基本，我们通过不同的线条互相组合、穿插，能够表现出前后关系甚至对象的质感。

图 5-3-1 ～图 5-3-14 为线描画法作品。

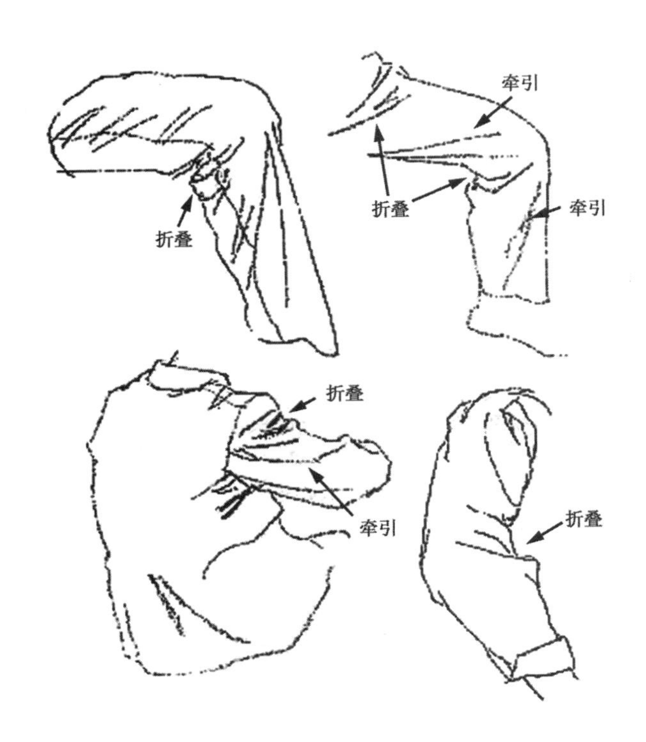

图 5-3-1　衣褶的处理

图 5-3-3　人体速写（卿笑天，铅笔）

图 5-3-2　人体形态（郑灵燕）

图 5-3-4　人物速写（一）（唐太智，钢笔）

图 5-3-5　人物速写（二）（唐太智，钢笔）

图 5-3-6　人物速写（三）（唐太智，钢笔）

图 5-3-7　人物速写（四）（唐太智，钢笔）

图 5-3-8 人物速写（二）（林琅）

图 5-3-9 人物速写（二）（林琅）

图 5-3-10 人物速写（三）（林琅）

图 5-3-11 人物速写（四）（林琅）

图 5-3-12 人物速写（五）（林琅）

图 5-3-13　人物动态速写（一）（印国强）

图 5-3-14　人物动态速写（二）（印国强）

图 5-3-15　人物动态速写（三）（印国强）

图 5-3-16　头像速写（饶秀光）

图 5-3-17　铜版画（丢勒）

图 5-3-18　线描稿（一）（丢勒）

图 5-3-19 线描稿（二）（达·芬奇）

图 5-3-20 素描肖像（丢勒）

图 5-3-21 《西厢记》选页（一）

图 5-3-22 《西厢记》选页（二）

图 5-3-23 连环画《铁道游击队》选页

作业建议:

1. 大量临摹线描人物动态。
2. 大量写生。

第四节 交通工具速写

建筑画里交通工具作为配景必不可少，可通过研究实物照片和临摹范图来训练。图 5-4-1 ~图 5-4-9 为交通工具速写案例图。

图 5-4-1　自行车速写

图 5-4-2　汽车速写（一）（林琅）

图 5-4-3　汽车速写（二）（林琅）

图 5-4-4　汽车速写（三）（印国强）

图 5-4-5　飞机速写（印国强）

图 5-4-6　坦克速写（印国强）

图 5-4-7　汽车速写（一）

图 5-4-8　汽车速写（二）（郑灵燕）

图 5-4-9　汽车速写（三）

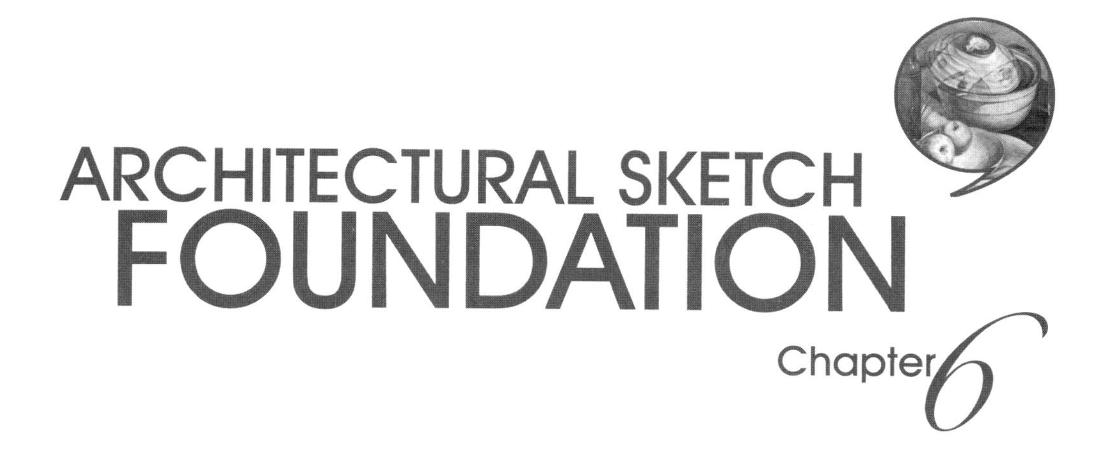

第六章 作品欣赏

第一节 静物素描作品欣赏

图 6-1-1 ～图 6-1-6 展示了静物素描作品以供学习、欣赏。

图 6-1-2 大部分都是灰色，这给描绘带来了难度，需要在相似的灰色里仔细比较，找出差别来互相衬托。这个构图也较特别，可以称为散装构图或框式构图。

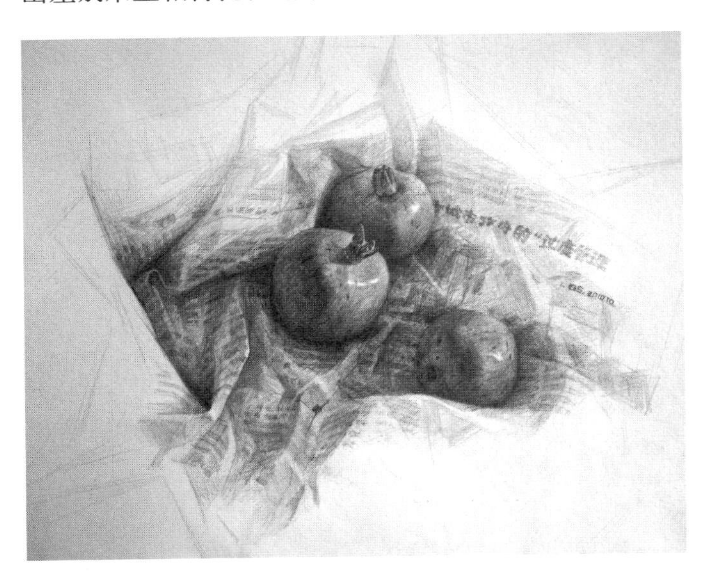

图 6-1-1 三个石榴（刘卜水）

图 6-1-2 组合静物素描

图 6-1-3 静物习作（一）

图 6-1-4 静物习作（二）

相比之下，逆光比顺光、侧光更有难度，大片的暗色需要仔细观察、找到区别，还要注意画面的整体、统一。一般是有一定基础了才会练习逆光素描。

图 6–1–5 是长期素描，就是用了几天乃至更长的时间来仔细描绘、慢慢研究。这种素描的特点是细腻、生动、真实。长期素描对于基本功的学习很有好处，也是训练耐心的好方法。

图 6–1–6 更多地依靠线来表达造型，所以感觉暗部也比较亮。初学者这样画如果把握不好的话容易花、乱。

图 6-1-5 静物习作（三）

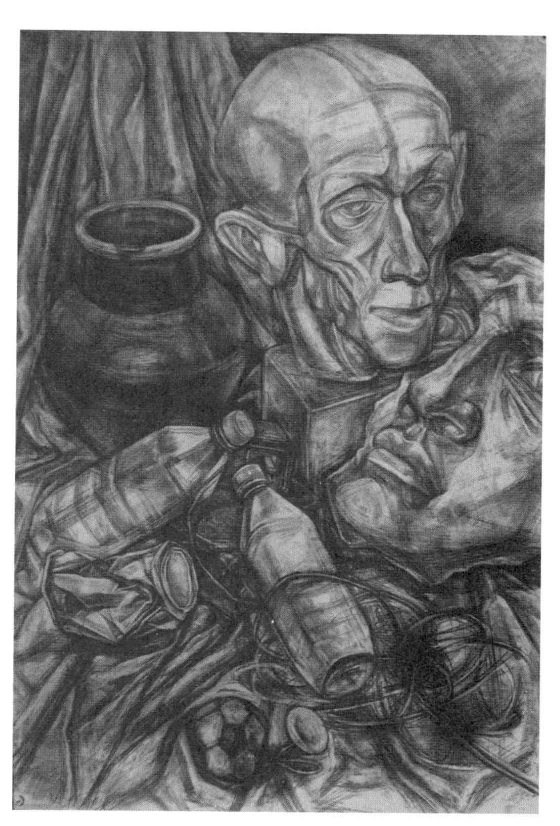

图 6-1-6 静物写生（刘景鑫）

第二节 建筑画素描作品欣赏

图 6–2–1 对比强烈，效果突出，远近层次分明。

国外的建筑画常常用写实的方法将建筑和周围的景物细致地表现出来，让人感受到一个很好的环境和气氛。图 6–2–2 像一首优美的诗歌描述了生活的美好。

图 6–2–3 描绘的是夜景，故意将丛林做暗来突出房屋的明亮。用笔轻松。

除注意明暗强弱对比外，树干、草丛、草地的轻松处理以及对房屋的衬托也很重要，如图 6–2–4 所示。

图 6-2-1　Henry Eorenson Jr 作品（铅笔）

图 6-2-2　Gordon Grice 作品（铅笔）

图 6-2-3　Howard Huizing 作品（蜡质铅笔）

图 6-2-4　Theodore Kautzky 作品（铅笔）

图 6-2-5 以速写的形式轻松地描绘了房屋及环境，远处背景虚化，故意用了很重的颜色来衬托浅色的建筑。

图 6-2-5　Wilbur Pearson 作品（铅笔）

图 6–2–6 的写实风格的建筑素描非常细腻、严谨地表现了结构、装饰复杂的古建筑，这种画法需要大量的时间和精力。

图 6–2–7 用客观的明暗将老房子和环境清晰地表现出来，充满乡村味。

图 6-2-6　James Record 作品（铅笔）

图 6-2-7　乡间（Paul F.Watkeys）

图 6–2–8 用笔轻松、虚实处理很感性，很好地突出了气氛。

如图 6–2–9 所示，建筑的局部练习是很好的训练方式，可以专门研究窗、栏杆、墙面等，可以学习多种材料的描绘方法。

图 6–2–10 用细腻的颜色变化刻画出了室内的光线、形体和空间，所以感觉真实可信。

图 6-2-8　Stephen Parker 作品（蜡质铅笔）

图 6-2-9　Bertram Grosvenor Goodhue 作品（铅笔）

图 6-2-10　Otto R. Eggers 作品（铅笔）

第三节 风景素描作品欣赏

如图 6–3–1 所示，用远山的暗色与前景、中景形成强烈的对比，效果突出。

图 6–3–2 将材质和光影做了很好的交代，窗户用屋内的暗色衬托了窗框。

图 6–3–1 Theodore Kautzky 作品（铅笔）

图 6–3–2 河边庭院（郑灵燕，签字笔）

图 6–3–3 主要刻画的是暗部的细节，受光部与暗部形成较强的对比。

图 6–3–4 植物叶片多，容易画乱，但若用明暗将层次交代清楚，通过强化墙面及窗户来突出植物。

图 6–3–3 Westdahl Heilborn 作品（铅笔）

图 6–3–4 窗前的植物（郑灵燕）

图 6-3-5 用密集的短线表现出了丰富的明暗关系，造型准确，空间感强。

图 6-3-6 属于双十字构图，给人以坚固、稳定的感觉。着重刻画了中景的建筑，远景省略掉了，云彩自由的勾线丰富了画面并增加了景深。作品以密集的线条对建筑物的明暗进行了描绘，画面对比强烈、层次分明，很好地交代了主次和空间的关系。

图 6-3-5　巴巴寺（郑灵燕，签字笔）

图 6-3-6　稻城藏民家（郑灵燕）

图 6-3-7　钢笔速写（一）（唐太智）

图 6-3-8　钢笔速写（二）（唐太智）

图 6-3-9　钢笔速写（三）（唐太智）

图 6-3-10　钢笔速写（四）（唐太智）

图 6-3-11 线条疏密有致，造型生动，在复杂的线条中注意了层次。

图 6-3-12 用线更密集，需要注意不能将前后粘连，该省的要省，椅子后面的就应该少画。

图 6-3-11　水巷子（一）（陈杨飞，线描）

图 6-3-12　水巷子（二）（陈杨飞，线描）

图 6-3-13 细节较繁杂，通过归纳和整理使画面有序，层次清晰，屋檐下暗色较好地衬托了门洞，远处屋顶的密集用线也很好地衬托了空间，呈现出丰富的层次美感。路面的石板、门洞上风蚀的墙体，远景墙面的裸露砖块，增添了不少岁月的沧桑感。

图 6-3-14 的景物大部分处于仰视角度上，小桥下和水中用密集的线条组织成暗色使画面稳定。几块留白使繁杂的画面显得通透，老式的电线杆、房屋的造型、桥上的小石狮、老式窗格的描绘，更具有浓郁的古镇气氛。

图 6-3-15 以小桥为中心，小桥上人物使画面更加生动。此外，对前景右下角石阶结构的强化，亦增加了画面构图的稳定感。

图 6-3-13　农家（卿笑天，线描）

图 6-3-14　洪福桥写生（杨安，线描加明暗）

图 6-3-15　朱家角写生（杨安，线描）

第四节 人物速写作品欣赏

图 6–4–1 中，少女光滑、细腻的皮肤在光线下的变化被表现得很充分，头发则轻松地画了个大概。

木炭由柳枝烧制而成，质地松软，不适合反复涂抹，所以用线少而到位，加用擦笔可以做出柔和变化的肌肤效果。这种画面需要喷洒固画液。白色的线和高光是擦出来的，如图 6–4–2、图 6–4–3 所示。

图 6-4-1 达·芬奇作品（一）（木炭条）

图 6-4-2 达·芬奇作品（二）（木炭条）

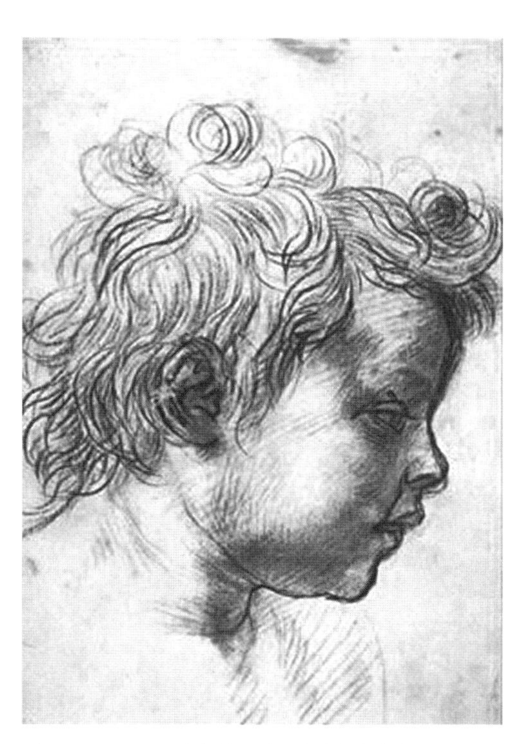

图 6-4-3 达·芬奇作品（三）（木炭条）

安格尔的速写细致、准确，虽然细腻、精致，但潇洒的用线仍然觉得简洁、明快，如图 6–4–4、图 6–4–5 所示。

图 6–4–4　铅笔速写（一）（安格尔）

图 6–4–5　铅笔速写（二）（安格尔）

图 6–4–6 的背景明显带有版画语言，人物是单纯的线描方法，吸收了中国画白描的语言。

图 6–4–7 完全用的是线描法，吸收了中国画的语言。这种方法在中国连环画创作和插图中常用。需要有较强的造型能力和线条驾驭能力。

图 6–4–6　小说插图（一）（郑灵燕）

图 6–4–7　小说插图（二）（郑灵燕，签字笔）

图 6–4–8、图 6–4–9 以线为主，辅以明暗，简洁、明快。

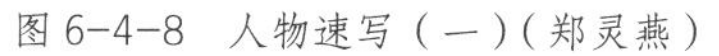

图 6-4-8　人物速写（一）（郑灵燕）

图 6-4-9　人物速写（二）（郑灵燕）

图 6–4–10、图 6–4–11 用的是明暗法，研究明暗光线变化，颜色做了概括和归纳，对比强烈，效果突出。

图 6-4-10　人物速写（三）（郑灵燕）

图 6-4-11　人物速写（四）（郑灵燕）